U0321771

全民科普　创新中国

超棒的新型材料

冯化太◎主编

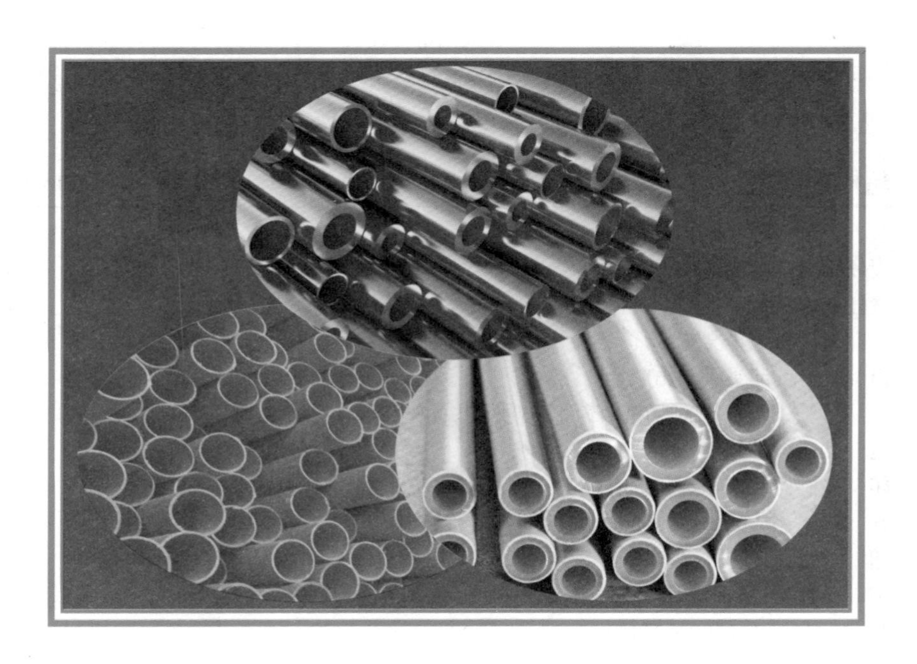

汕頭大學出版社

图书在版编目（CIP）数据

超棒的新型材料 / 冯化太主编. -- 汕头 : 汕头大学出版社, 2018.8

ISBN 978-7-5658-3704-3

Ⅰ. ①超… Ⅱ. ①冯… Ⅲ. ①材料科学一青少年读物 Ⅳ. ①TB3-49

中国版本图书馆CIP数据核字(2018)第163956号

超棒的新型材料 CHAOBANG DE XINXING CAILIAO

主　　编：冯化太
责任编辑：汪艳蕾
责任技编：黄东生
封面设计：大华文苑
出版发行：汕头大学出版社
　　　　　广东省汕头市大学路243号汕头大学校园内　邮政编码：515063
电　　话：0754-82904613
印　　刷：北京一鑫印务有限责任公司
开　　本：690mm × 960mm　1/16
印　　张：10
字　　数：126千字
版　　次：2018年8月第1版
印　　次：2018年9月第1次印刷
定　　价：35.80元
ISBN 978-7-5658-3704-3

前言

PREFACE

习近平总书记曾指出："科技创新、科学普及是实现创新发展的两翼，要把科学普及放在与科技创新同等重要的位置。没有全民科学素质普遍提高，就难以建立起宏大的高素质创新大军，难以实现科技成果快速转化。"

科学是人类进步的第一推动力，而科学知识的学习则是实现这一推动的必由之路。特别是科学素质决定着人们的思维和行为方式，既是我国实施创新驱动发展战略的重要基础，也是持续提高我国综合国力和实现中华复兴的必要条件。

党的十九大报告指出，我国经济已由高速增长阶段转向高质量发展阶段。在这一大背景下，提升广大人民群众的科学素质、创新本领尤为重要，需要全社会的共同努力。所以，广大人民群众科学素质的提升不仅仅关乎科技创新和经济发展，更是涉及公民精神文化追求的大问题。

科学普及是实现万众创新的基础，基础越宽广越牢固，创新才能具有无限的美好前景。特别是对广大青少年大力加强科学教育，获得科学思想、科学精神、科学态度以及科学方法的熏陶和培养，让他们热爱科学、崇尚科学，自觉投身科学，实现科技创新的接力和传承，是现在科学普及的当务之急。

近年来，虽然我国广大人民群众的科学素质总体水平大有提高，但发展依然不平衡，与世界发达国家相比差距依然较大，这已经成为制约发展的瓶颈之一。为此，我国制定了《全民科学素质行动计划纲要实施方案（2016—2020年）》，要求广大人民群众具备科学素质的比例要超过10%。所以，在提升人民群众科学素质方面，我们还任重道远。

我国已经进入“两个一百年”奋斗目标的历史交汇期，在全面建设社会主义现代化国家的新征程中，需要科学技术来引航。因此，广大人民群众希望拥有更多的科普作品来传播科学知识、传授科学方法和弘扬科学精神，用以营造浓厚的科学文化气氛，让科学普及和科技创新比翼齐飞。

为此，在有关专家和部门指导下，我们特别编辑了这套科普作品。主要针对广大读者的好奇和探索心理，全面介绍了自然世界存在的各种奥秘未解现象和最新探索发现，以及现代最新科技成果、科技发展等内容，具有很强的科学性、前沿性和可读性，能够启迪思考、增加知识和开阔视野，能够激发广大读者关心自然和热爱科学，以及增强探索发现和开拓创新的精神，是全民科普阅读的良师益友。

材料与新材料基本定义… 001
新材料产业发展与影响… 005
新材料的现代化高科技… 013
与众不同的新功能陶瓷… 017
奇妙无穷的新型玻璃…… 023
不同性能的导电塑料…… 035

五彩缤纷的纺织纤维…… 045
用途颇广的医用纤维…… 055
与时俱进的新型木材…… 061
现代科技化的超导材料… 069
神秘奇妙的激光材料…… 081
善解人意的智能材料…… 091
玻璃钢与合成橡胶材料… 099
坚韧不屈的结构塑料…… 105
不可思异的复合陶瓷…… 111
各种各样的环保塑料…… 117
不同性能的材料………… 133
用做结构材料的纤维…… 141

材料与新材料基本定义

材料是人类用于制造物品、器件、构件、机器或其他产品的物质，是人类赖以生存和发展的物质基础，与国民经济建设、国防建设和人民生活密切相关。材料除了具有重要性和普遍性以外，还具有多样性。

由于材料多种多样，分类方法也就没有一个统一标准。从物理化学属性来分，可分为金属材料、无机非金属材料、有机高分子材料和不同类型材料所组成的复合材料。

从用途来分，又分为电子材料、航空航天材料、核材料、建筑材料、能源材料、生物材料等。常见的两种分类方法则是结构材料与功能材料，传统材料与新型材料。

新材料作为高新技术的基础和先导，应用范围极其广泛。它同信息技术、生物技术一起成为了社会发展的最重要和最具发展潜力的领域。

新材料与传统材料之间并没有明显的界限，传统材料通过采用新技术，提高技术含量，提高性能，大幅度增加附加值而成为新材料。同传统材料一样，新材料可以从结构组成、功能和应用领域等多种不同角度对其进行分类，不同的分类之间相互交叉和嵌套。

新材料在经过长期生产与应用之后也会成为传统材料。传统材料是发展新材料和高技术的基础，而新型材料又往往能推动传统材料的进一步发展。

新材料是世界新技术革命的三大支柱之一，与信息技术、生物技术一起构成了21世纪世界最重要和最具发展潜力的三大领域之一。

新材料在发展高新技术、改造和提升传统产业、增强综合国力和国防实力方面起着重要的作用，而且在自然科学和工程技术领域中发展也越来越快，地位日趋重要。

新材料领域的发展变化，得益于技术创新和成果转化速度加快。前沿技术的突破使得新兴材料产业不断涌现，同时新材料与信息、能源、医疗卫生、交通、建筑等产业结合越来越紧

密。材料科学工程与其他学科交叉领域和规模都在不断扩大，而且世界各国政府高度重视新材料产业的发展，制定了推动新材料产业和科技发展的相关计划。

世界各国政府在资金上给予了大力扶持，从而推动了本领域的技术创新能力的提高和发展，取得了一系列可喜的研究成果，保证了新材料领域发展的欣欣向荣局面。

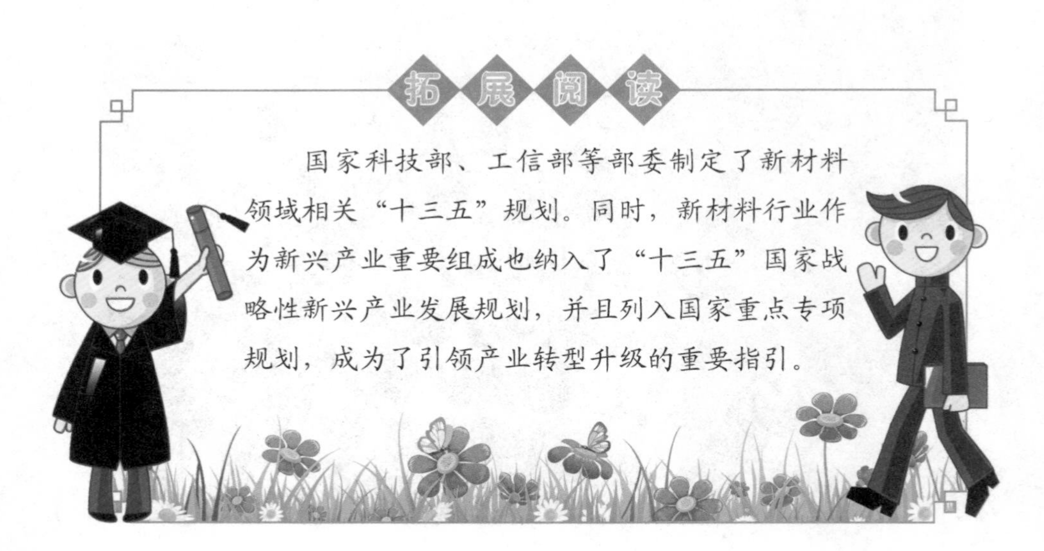

拓展阅读

国家科技部、工信部等部委制定了新材料领域相关“十三五”规划。同时，新材料行业作为新兴产业重要组成也纳入了“十三五”国家战略性新兴产业发展规划，并且列入国家重点专项规划，成为了引领产业转型升级的重要指引。

新材料产业发展与影响

新材料产业包括新材料及其相关产品和技术装备。具体涵盖了新材料本身形成的产业，新材料技术及其装备制造业，传统材料技术提升的产业等。

与传统材料相比，新材料产业具有技术高度密集，研究与开发投入高，产品的附加值高，生产与市场的国际性强，以及

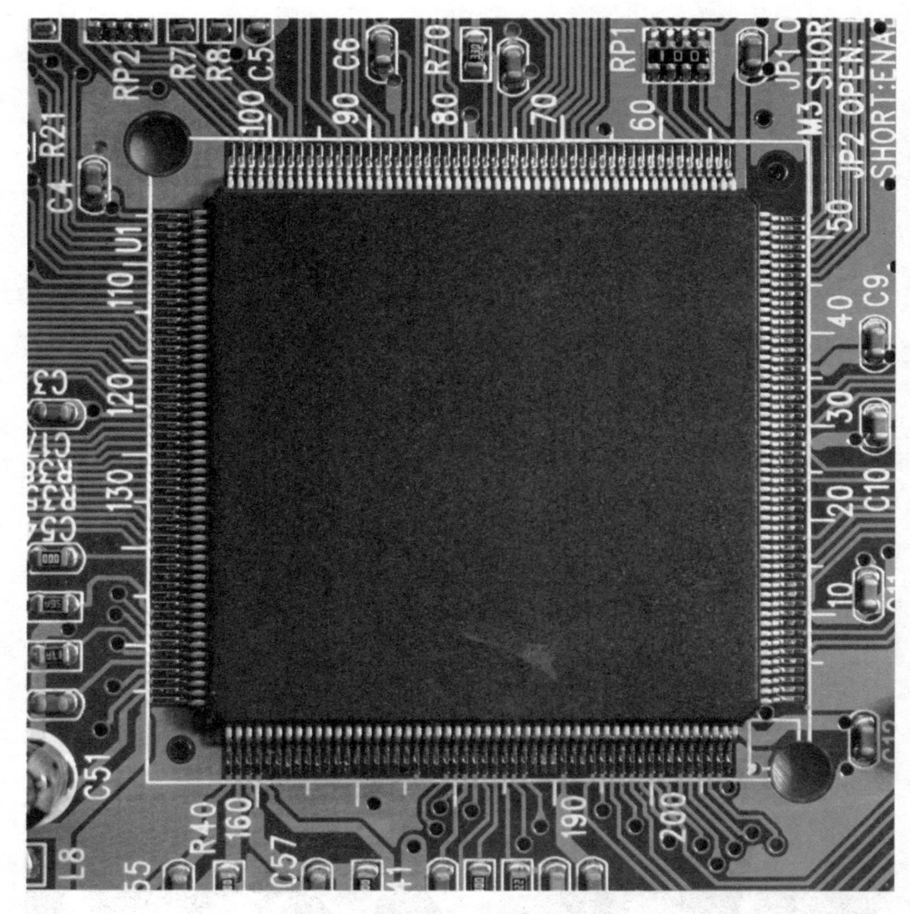

应用范围广，发展前景好等特点。

新材料产业研发水平及产业化规模已经成为了衡量一个国家经济、社会发展，科技进步和国防实力的重要标志，世界各国特别是发达国家都十分重视新材料产业的发展

新材料在产业体系中占有重要地位。在化工新材料、轻金属材料、陶瓷材料、复合材料、石墨材料、建筑材料、纳米材料等领域，新材料具有特色与优势。

新材料产业主要包括：纺织业、石油加工及炼焦业、化学原料及化学制品制造业、化学纤维制造业、橡胶制品业、塑料制品业、非金属矿物制品业、金属冶炼及压延加工业、医用材料及医疗制品业、电工器材及电子元器件制造业等。

在国内，新材料产业已经形成了以大庆为中心的化工新材料生产基地，以牡丹江为主的特种陶瓷材料产业基地，以中心城市为主的建筑材料产业基地，以东北轻合金有限责任公司和东安发动机集团有限公司为龙头的铝镁合金材料产业化基地，以黑河、绥化为中心的硅基材料生产基地。

美国政府制定的《国家纳米技术计划》被列为第一优先科

技发展计划；德国在九大重点发展领域均将新材料列为首位，同时将纳米技术列为科研创新的战略领域；日本把开发新材料列为国家高新技术的第二大目标。

随着我国经济水平的提高和科学技术的发展，我国越来越重视新材料产业的研究。2014年6月6日到9日，由国家外国专家局国外人才信息研究中心等单位主办的第三届国际新材料大会在重庆举行，约800多名嘉宾参加了这次大会。

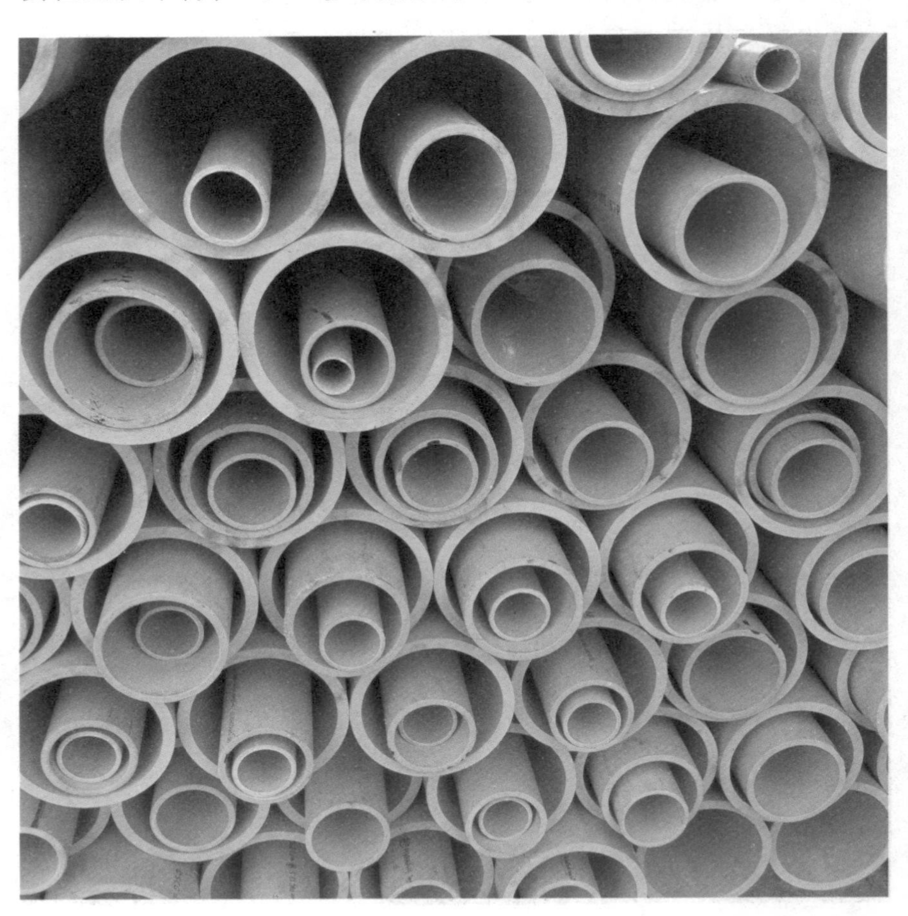

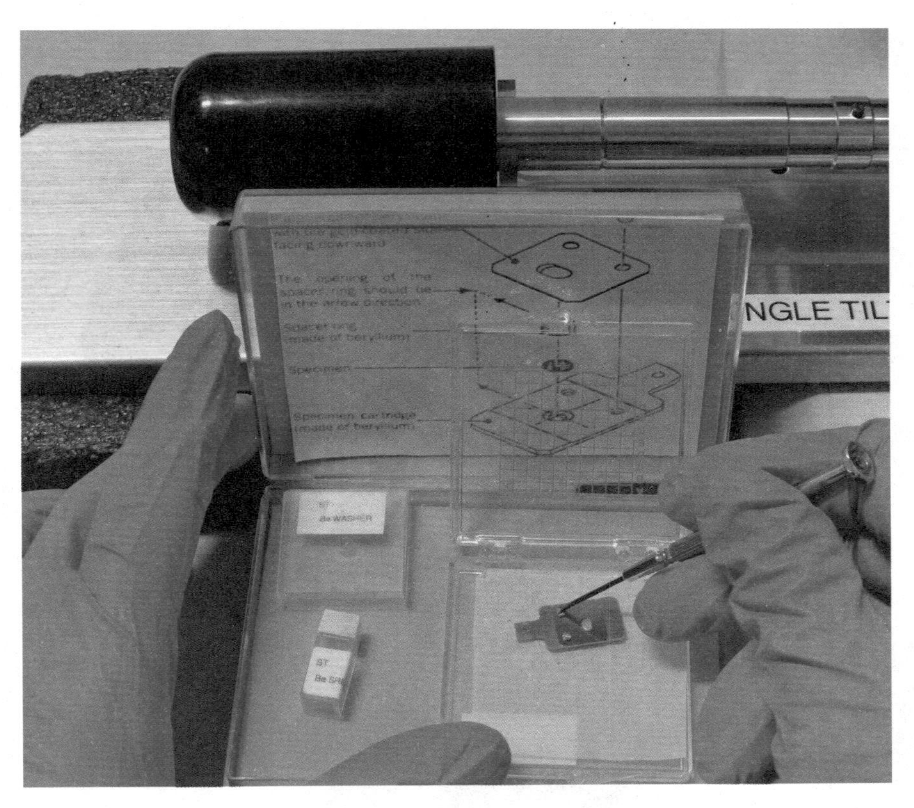

2014年7月4日至7日，由中国材料研究学会主办的“中国材料大会2014”在四川成都召开，来自全国材料相关领域的高等院校、研究院所、企事业单位的主要领导以及专家、学者近3000人参加了本次会议。

从20世纪来看，国防和战争的需要、核能的利用和航空航天技术的发展是新材料发展的主要驱动力。而在21世纪，卫生保健、经济持续增长以及信息处理和应用成为了新材料发展的最根本动力。

在2013年，世界新材料不断推陈出新，不少高性能的材料

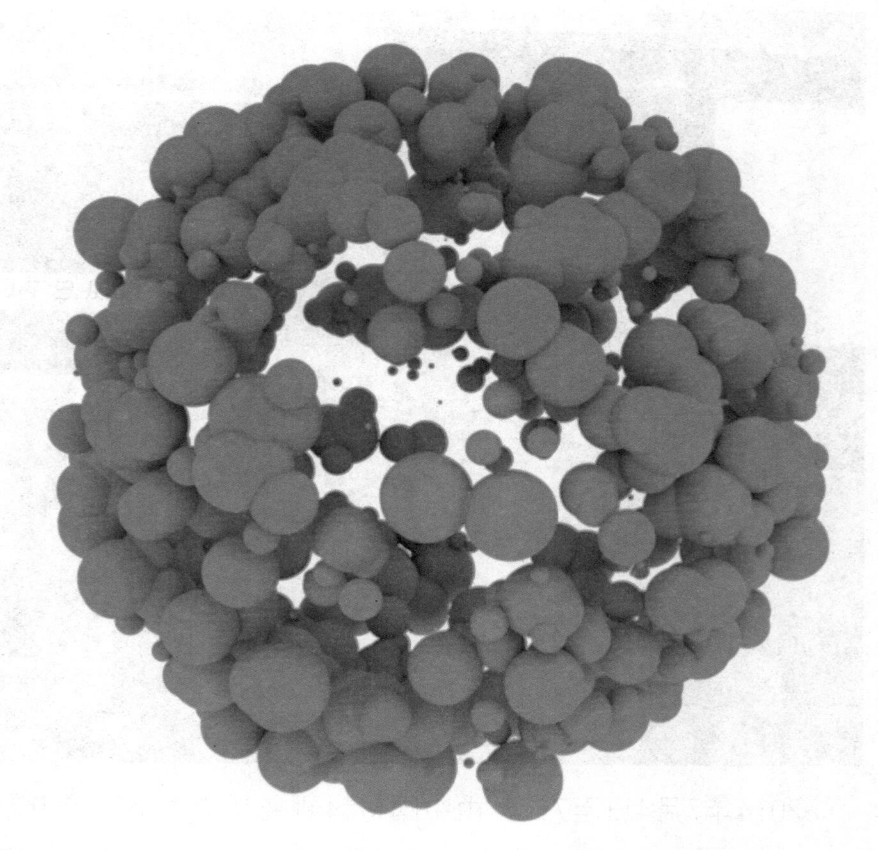

或成果不断涌现。其中，出现最多的依旧是纳米材料。比如，美国密歇根理工大学开发出一种低成本阴极材料，被称为蜂窝状3D石墨烯，合成过程既不困难也不昂贵，是制造阴极的理想材料，能够取代此前在染料敏化太阳能电池生产中所必需的贵金属铂。

德国杜伊斯堡大学采用在磷酸钙纳米晶体表面包裹核酸物质的方法，制成一种膏状骨骼修复材料，可以加速人体骨骼修复速度和改善修复过程。

俄罗斯圣彼得堡“铁氧体域”科学研究所公开了一种最新研制的纳米隐身涂层。这种纳米隐身涂层如果应用于海军装备，会大幅提高水面舰艇的隐身性能，并降低被宽频雷达发现的可能性，能够提高舰船对抗雷达制导、热源制导和激光制导等精确制导武器的能力

工业和商业的全球化更加注重材料的经济性、知识产权价值和与商业战略的关系，新材料在发展绿色工业方面也会起重要作用。未来新材料的发展将在很大程度上围绕如何提高人类的生活质量展开。

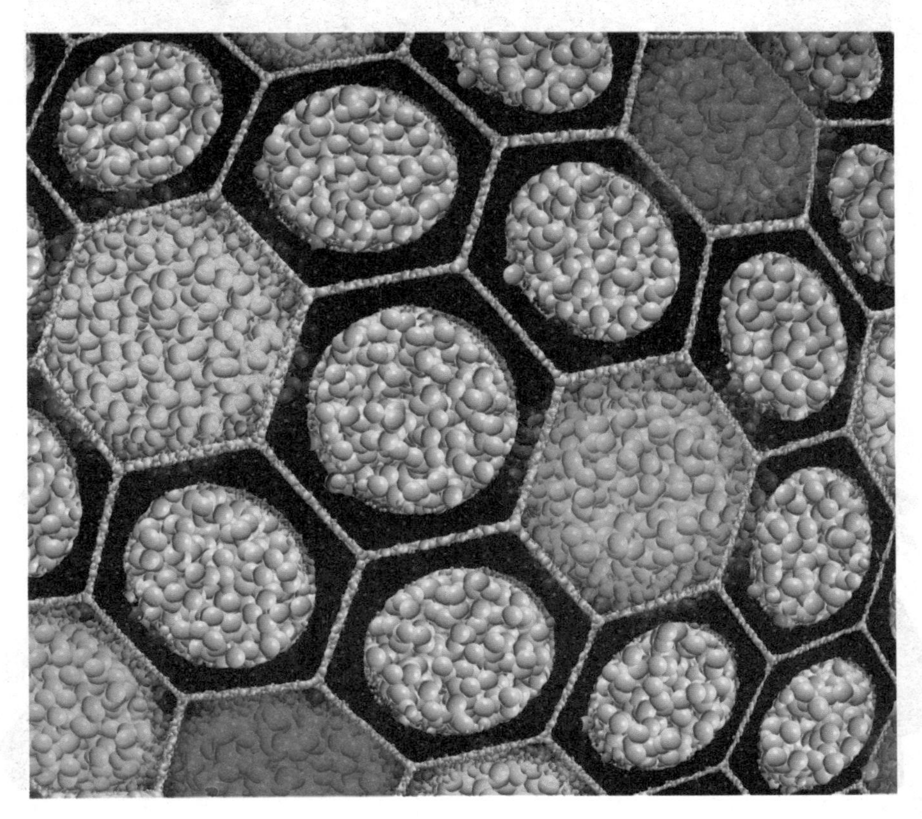

综观全世界，新材料产业已经渗透到国民经济、国防建设和社会生活的各个领域，支撑着一大批高新技术产业的发展，对国民经济的发展具有举足轻重的作用，成为各个国家抢占未来经济发展制高点的重要领域。

拓展阅读

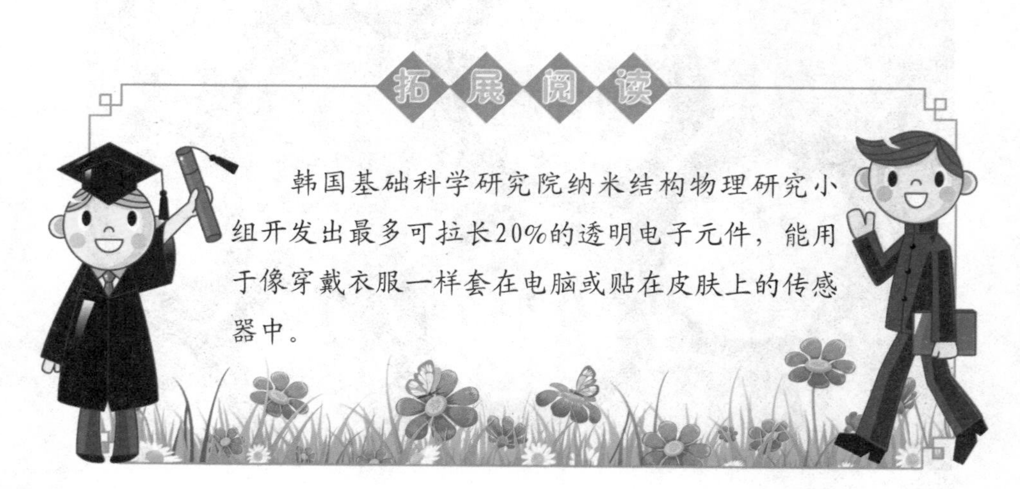

韩国基础科学研究院纳米结构物理研究小组开发出最多可拉长20%的透明电子元件，能用于像穿戴衣服一样套在电脑或贴在皮肤上的传感器中。

新材料的现代化高科技

新材料技术是按照人的意志，通过物理研究、材料设计、材料加工、试验评价等一系列研究过程，创造出能满足各种需要的新型材料的技术。新材料技术被称为“发明之母”和“产业粮食”。

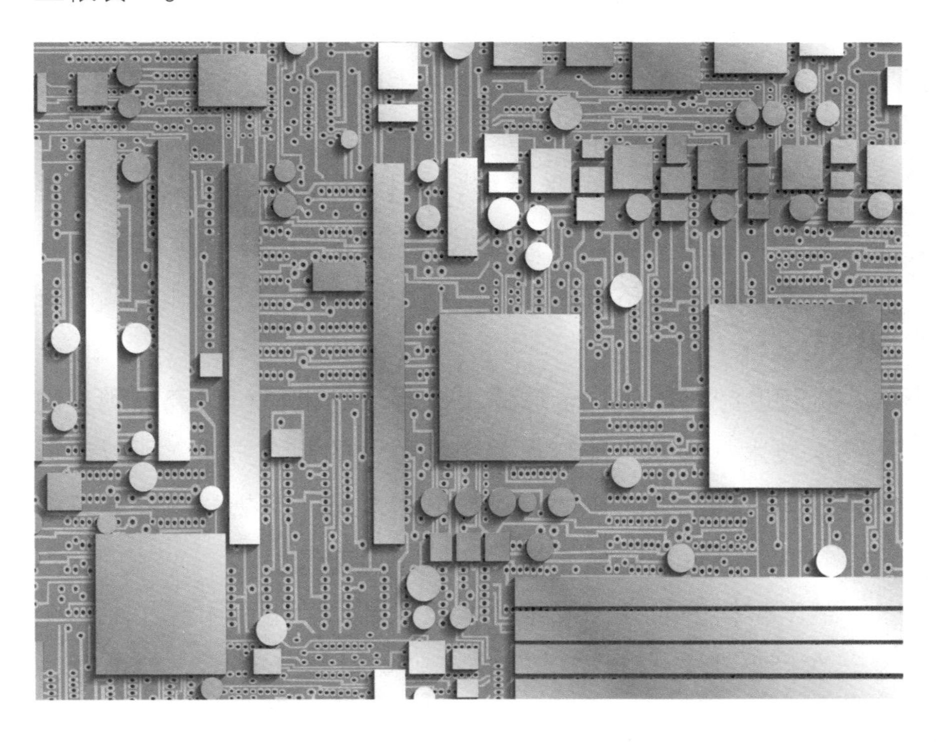

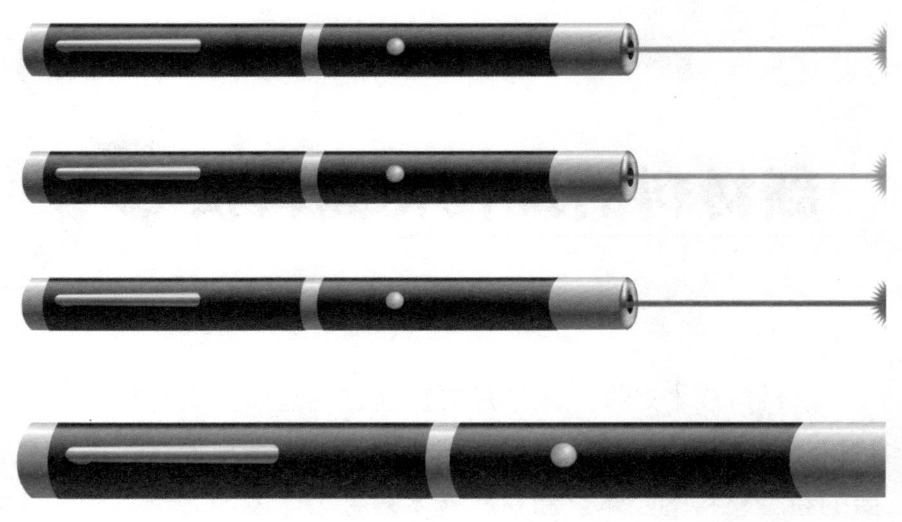

新材料技术的发展不仅促进了信息技术和生物技术的革命，而且对制造业、物资供应以及个人生活方式产生了重大的影响。材料技术的进步使得“芯片上的实验室”成为可能，大大促进了现代生物技术的发展。

随着科学技术的迅猛发展，新材料技术朝着研制生产更小、更智能、多功能、环保型以及可定制的产品、元件等方向发展。新材料技术的发展赋予了材料科学新的内涵和广阔的发展空间。

在20世纪90年代，全球逐步掀起了纳米材料研究热潮。由于纳米技术从根本上改变了材料和器件的制造方法，所以使得纳米材料在磁、光、电敏感性方面呈现出了常规材料不具备的许多特性，在许多领域有着广阔的应用前景。

纳米材料的研究开发是一次技术革命，进而引起了21世纪又一次产业革命。日本三井物产公司批量生产了碳纳米管，从2002年4月开始建立年产量120吨的生产设备，9月投入试生产，这是世界上首次批量生产低价纳米产品。

美国佐治亚理工学院首次合成了半导体化物纳米带状结构。这是继发现多壁碳纳米管和合成单壁纳米管以来，一维纳米材料合成领域的又一大突破。

由于半导体氧化物纳米带克服了碳纳米管的不稳定性和内部缺陷问题，具有比碳纳米管更独特和优越的结构及物理性能，因而能够更早地投入工业生产和商业开发。

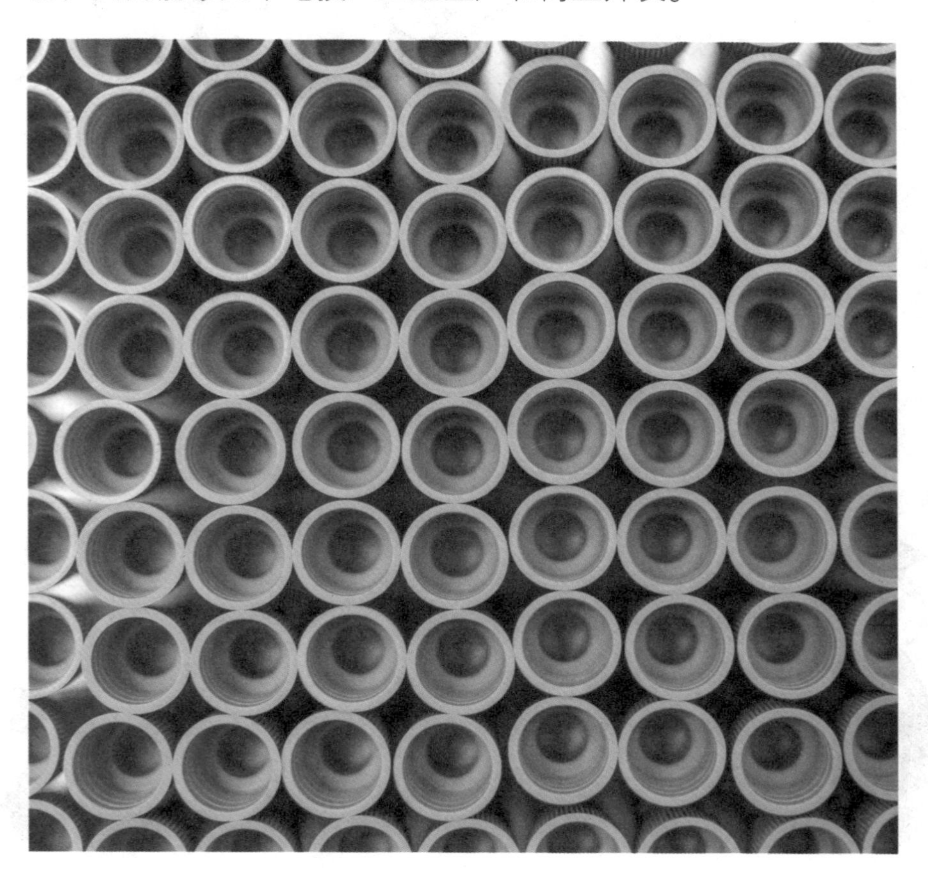

美国、欧洲、日本等发达国家和地区十分重视新材料技术的发展，把发展新材料作为科技发展战略的重要组成部分，在制定国家科技与产业发展计划时，将新材料技术列为21世纪优先发展的关键技术之一，予以重点发展，以保持其经济和科技的领先地位。中国的新材料科技及产业，在政府的大力关心和支持下，也取得了重大的进展和成绩，为国民经济和社会发展提供了强有力的支撑。

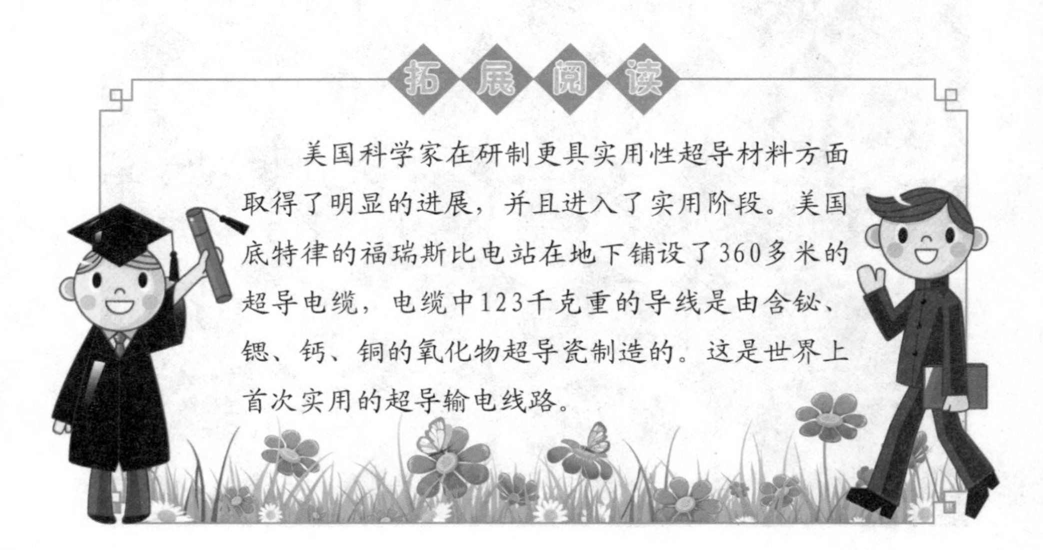

拓展阅读

美国科学家在研制更具实用性超导材料方面取得了明显的进展，并且进入了实用阶段。美国底特律的福瑞斯比电站在地下铺设了360多米的超导电缆，电缆中123千克重的导线是由含铋、锶、钙、铜的氧化物超导瓷制造的。这是世界上首次实用的超导输电线路。

与众不同的新功能陶瓷

能去污的陶瓷

在1994年，克莱格仿照蜗牛壳的结构生产了一种千层饼似的层状材料，这种材料是用150微米厚的碳化硅陶瓷片和5微米厚的石墨片交替地叠加，再加热加压而成的。

这种石墨层软而耐热，即使受到碰撞，它也能分散碰撞

时的应力，并且能够防止已经开裂的个别碳化硅层的裂纹扩大。克莱格已经制成了这种蜗牛壳结构式的材料，并在航空发动机的燃烧室内成功地进行了试验，大大减少了氧化氮的排放量。

有“知觉”的陶瓷

大家知道，传感器是检测技术、自动控制、遥感技术必不可少的敏感元件。敏感元件主要依靠一类叫敏感陶瓷材料来制造的。敏感陶瓷材料品种繁多，难以计数，有电敏、光敏、声敏、磁敏、热敏、气敏、湿敏陶瓷材料等许多类型。

它们是获得各种信息、感知并传递信息的关键材料，是实现自动控制的重要物质基础。敏感陶瓷材料在自动控制仪表中相当于人的五官，有视觉、嗅觉、味觉、听觉和触觉器官的作用。在防止火灾、煤气中毒、工程事故中有十分重要的作用。

人们利用这一特点，把气敏陶瓷材料做的传感器装在室内或厨房内，并和一个报警电路连接起来，当室内的烟雾达到千分之几的时候，电路中的电阻就会发生变化而自动接通报警器。

有些气敏陶瓷材料，比如氧化锌、氧化铁对液化气中的主要成分丁烷、丙烷及天然气中的主要成分甲烷也很灵敏。在厨房中装上用氧化物陶瓷制成的煤气泄漏报警器，就可以防止因煤气泄漏引起的危险。

压电陶瓷

它是一种先进功能陶瓷，具有压电效应。压电效应的原理是，如果对压电陶瓷施加压力，它便会产生正压电效应，反之施加电压，则产生逆压电效应。压电陶瓷具有机械能与电能

之间的转换和逆转换的功能，这种相互对应的关系确实非常有意思。

由于压电陶瓷的压电效应非常灵敏，能够精确地测出地壳内细微的变化，甚至可以检测到10多米以外昆虫拍打翅膀引起的空气振动。所以，压电地震仪能精确地测出地震强度。压电陶瓷还能够测定声波的传播方向，因此，压电地震仪还能告诉人们地震的方位和距离。

压电陶瓷在军事上，常常把压电陶瓷安装在弹头部位，具有很重要的作用。此外，通过正压电效应，还可以用来制造压电拾音器、扬声器、蜂鸣器、超声波接收探头等。反之，通过逆压电效应，将交流电信号转换为机械振动，就可以用于制造超声波发射仪、压电扬声器、录像机和录音机的传动装置以及超声波清洗剂。

另外，许多高转换效率、高灵敏度的声波发射和接收的压电器件已经服务于超声波的水下探测仪；材料的超声波无损探伤仪以及探测海洋中鱼群的规模、种类、密集程度、方位和距离；潜水艇位置的水下声纳探测仪，超声波断层摄影装置，大功率超声波碎石仪等各种仪器。

透光陶瓷

随着科学的进步，陶瓷专家经过长期研究，开发出了一批能透光的先进陶瓷。在1957年的一次国际会议上，陶瓷专家郑重地向同行们宣布，世界上第一片透光陶瓷诞生了。

对于响尾蛇导弹头部探测器的防护罩材料要求之一，就是必须能够耐超高温。研究表明，能够承担这一任务的非透光陶瓷莫属。只有它最适合于制造响尾蛇导弹头部探测器的防护罩。

透光陶瓷的问世，使研制高压钠灯的计划得以实施。研究

表明，透光陶瓷的熔点高达2050℃，而且在1600℃的环境下能不受钠蒸汽的腐蚀，还可以通过95%的光线。

高压钠灯的光线能透过浓雾而不被散射，而且光色柔和、银白。在高压钠灯下看物体清晰，不刺眼。比如，作为汽车的前灯特别合适。

有一种透光陶瓷，能透光、耐高温、耐腐蚀、强度高。在陶瓷护目镜的镜片中有一套自动化关闭、开启系统。有了这种新颖护目镜，电焊工人在操作时，把面罩戴上就能进行焊接工作了，十分简便。

核试验工作人员戴着它就可以进行核爆炸前的各项准备工作了。墨镜家族中的这位新成员，为需要在强光下工作的人们带来了福音。

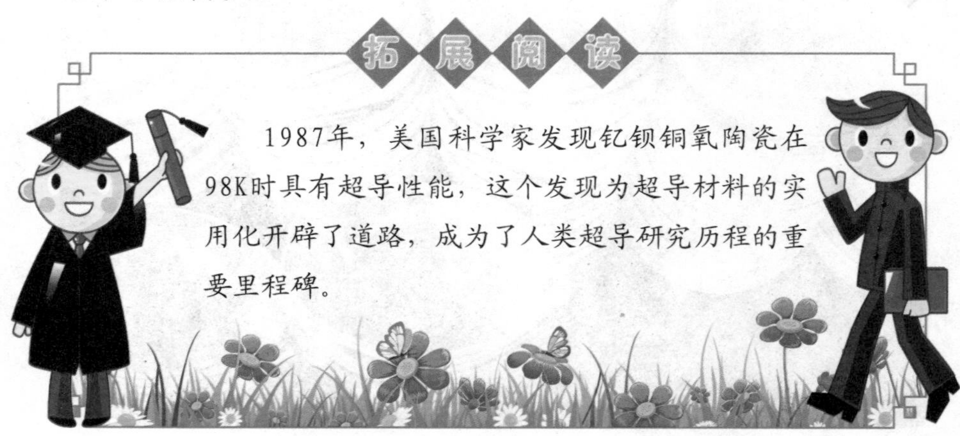

拓展阅读

1987年，美国科学家发现钇钡铜氧陶瓷在98K时具有超导性能，这个发现为超导材料的实用化开辟了道路，成为了人类超导研究历程的重要里程碑。

奇妙无穷的新型玻璃

多功能夹层玻璃

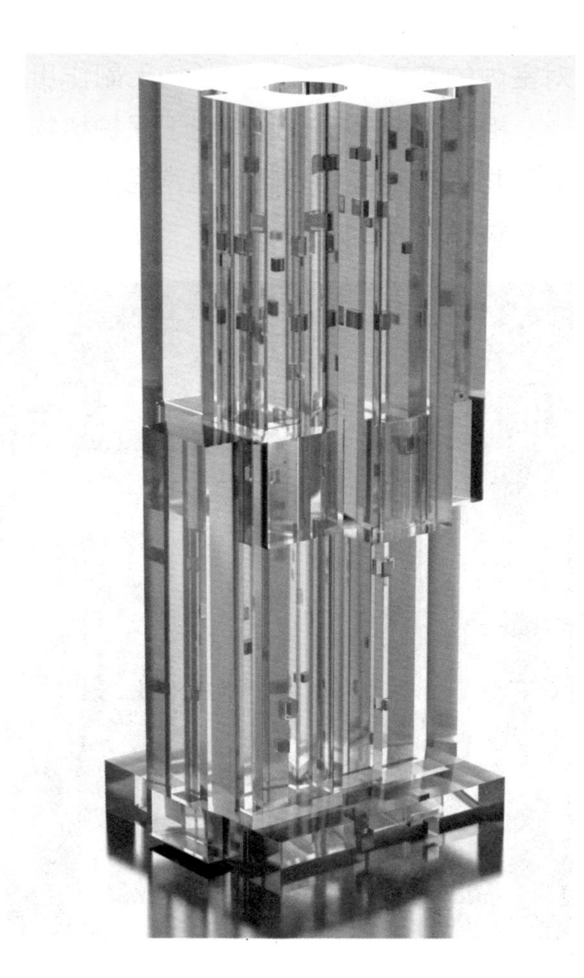

20世纪90年代中期，科学家们推出了一种现代新型的建筑材料就是夹层玻璃。所谓夹层玻璃，就是在两块或两块以上的玻璃之间夹入塑料中间膜，再经过加热和加压使玻璃与塑料膜粘合在一起而制成的新颖玻璃制品。

夹层玻璃与一般的建材玻璃相比，除了不褪色、光亮照人、抗风化性强、经久耐用、价格便宜等许多优点外，还具有独特的多功能特性。

由于它非常坚固、适用性强，能够解决许多建筑设计中的难题。因此，越来越广泛地应用在现代建筑设计中，成为现代建材中的一颗明星。

采用夹层玻璃，可以明显减弱阳光的照射，不仅可以防止耀眼眩光，而且还可将有害的紫外光拒之窗外。对于养殖花草的住户来说，虽然，夹层玻璃可以阻断紫外光的透射，但是，对室内的花卉等植物的生长均无副作用。

相反，夹层玻璃还有利于保护植物的叶、茎、花、果，促进植物生长茂盛。因此，通常绝大多数的暖房和植物园都采用夹层玻璃来建造。

夹层玻璃具有优越的保安功能，可以有效地防止盗窃犯的抢劫、暴力闯入、暴力袭击、甚至枪击、杀害等，这是一般玻璃不可能具有和望尘莫及的。

因此，它不仅是一般居民住宅的建筑物所需要的建材，更是金融机构、商厦、重要的工业设施、博物馆、政府办公大楼、别墅以及外交使馆等必不可少的建筑材料。

研究表明，夹层玻璃中的中间塑料膜具有减震的功能。因此，采用夹层玻璃，不仅能有效地阻止各种声音的传入，而且能对危害人体的噪声起到减声的作用，从而造就了一个对人体健康有利的理想声学环境。

保密的压花玻璃

所谓压花玻璃，就是在玻璃上面有微微凹凸的花纹。玻璃表面虽然有立体感很强的花纹，但透明度较好，当光线透过压花玻璃时，就会产生扩散现象，使里面的物体形象变形。

人们站在离压花玻璃的不同距离上向房间内进行观察，

所能看到的物体形象也各不相同。随着与压花玻璃之间距离的拉长，从外面向房间里看到的物体形象就越来越模糊。此外，由于压花玻璃花纹的不同，也会使透过的物体形象不尽相同。正因为压花玻璃有这一特性，所以，用它来做窗玻璃，既不会影响室内的采光效果，又使室外的人无法看清室内的情况。

幕墙玻璃

那是1952年，密斯·冯·德乐采用染色玻璃替代了原先的无色玻璃，设计和建造了一幢38层的玻璃幕墙高层大楼，就是美国纽约的西格拉姆大厦。从此，玻璃幕

墙受到了人们的普遍欢迎，开创了建筑设计上的一个新纪元。

就它的工作原理而言，幕墙玻璃属于透明热反射材料，它允许在可见光波长范围内的光线优先透过，而对紫外和红外波段光线具有极强的反射作用，从而达到透光不透热的效果。

在建筑窗户、车辆侧窗与顶篷、太阳能转换装置、节能灯、电烤箱以及航天器等方面，均有广泛的应用前景。不过，就它的使用数量而言，当首推建筑业。

在夏天，双层中空玻璃可以挡住90%的太阳辐射热。尽管阳光依然可以透过玻璃幕墙，但晒在身上并不感到炎热。所以，使用中空玻璃幕墙的室内冬暖夏凉，生活环境相当舒适。

在我国，建筑

装潢业推动了幕墙玻璃的发展，幕墙玻璃作为一种新型的建筑装饰材料方兴未艾。人们首先注意的是它们的艺术装饰效果，也为我国各大城市增添了光彩。

与众不同的微晶玻璃

制作微晶玻璃的工艺很有趣，玻璃冷却成型后，如果用紫外线照射一下，就会在它的体内“长出”无数肉眼分辨不出的微小晶体，变成不透明的象牙色，因此人们亲切地把它叫做“微晶玻璃”。这种要经过紫外线照射才能制成的微晶玻璃，科学家们将它称为“光敏微晶玻璃”。而不用紫外线照射，只通过热处理制成的微晶玻璃称为“热敏微晶玻璃”。经测定表明，结晶的直径通常不超过2微

米，只有头发丝粗细的几十分之一。

由于微晶玻璃既像铝那样轻巧，在高温下又不会变形，所以航空航天工程师看上了它。人们利用微晶玻璃来制作喷气式飞机发动机的喷嘴，以及用作火箭、人造地球卫星和航天飞机的结构材料。

微晶玻璃的硬度也极好，因此可用来制造滚动轴承、压缩机和汽轮机的叶片、高速切削工具、刹车构件、热交换器、化工用泵和管道、其他要求耐磨、耐热、耐蚀的机械零件。

微晶玻璃易于加工，材质均匀，制成后尺寸精确。因此，在军事工业中也大有用武之地。军事科学家将微晶玻璃誉为导弹头部的“保护神”。

许多具有特殊性能的微晶玻璃，可以制作成人们所需要的器件。例如，有生物活性的微晶玻璃可以制成人工骨关节、人工牙齿等，有磁性的微晶玻璃可以制成电子计算机记忆元件。此外，还能制成厨房餐具和各种家用器皿等。

不碎玻璃

那是1903年，法国有一位叫别奈迪克的化学家。他酷爱科学研究，经常“泡”在实验室里做试验。在一次实验中，不小心把一只玻璃瓶从实验柜上碰落到地上，这只装满试验用溶液的烧瓶落地后，并没有像往常一样破成碎片。

经过几年后，他终于回忆起这只烧瓶曾经装过硝酸纤维溶液，有可能是溶液挥发后留下来的一层薄膜起了保护作用。为了验证自己的分析，他立即配制了硝酸纤维溶液进行试验。结果真的不出所料，瓶壁上留下的正是柔韧而透明的硝酸纤维素薄膜。

然后，别奈迪克着手试验，他在两块玻璃之间夹上一层透明的硝酸纤维素薄膜，使它们粘在一起，并进行“自由落体”式的摔打试验。果然，玻璃只出现裂纹而不会四处溅出玻璃碎片。这种玻璃称为安全玻璃，用处很大。

在强烈震动的金属锻造车间的天窗玻璃，都使用这类安全玻璃，一些高质量汽车的车窗玻璃和挡风玻璃，也用不碎的安全玻璃制造。这样在万一发生车祸时，不会发生因玻璃碎片飞出而发生伤人的情况。

可调光玻璃

什么叫可调光的玻璃呢？就是根据光线的强弱可以自动调

节光线进入室内多少的特殊玻璃。现代科学家发明了一种可自行调光的窗户玻璃。这种玻璃在天气寒冷、气温低时，透明度很高，阳光会全部进入室内，使室内温度增加。而当天气炎热时，它就变成为半透明，使室内变凉爽。

美国新墨西哥州阿尔伯克基森特克公司，为了发明这种可自动调光的玻璃，制成了一种云胶半流体，其透明度随温度的变化很灵敏，2至3℃的温度变化就能从透明转变成半透明。将这种云胶半流体夹在两层透明玻璃或透明塑料之间，就可以制成自动调光的窗户玻璃。

云胶的透明度变化还是可逆的，就是低温时是透明的，温度升高时，透明度逐渐降低，但温度一降低，它的透明度又会恢复。要想检查这种玻璃调光是否灵敏，只要把手放在上面就知道。如果你的手放上后，玻璃上留下了你的手印，就证明它是有效的。

发电玻璃

迈克尔·格拉蔡，他是瑞士的一位化学家。他经过几年的研究和不断改进，发明了一种能发电的窗户玻璃。它既能透光，使室内明亮、又能发电，让收音机、电视机等电器响起来。

1991年10月，格拉蔡成功地制造出了一种奇特的太阳能玻璃板，这种玻璃板不仅可以安在各种建筑物上做窗户，可以同时发电，而且得到的电能要比现在通常用的硅太阳能电池的价格便宜5至10倍。

这种先进的太阳能玻璃板每平方米可以发出150瓦的电力，用这种玻璃做窗户，安装起来也不费事，安一个窗户有两小时就足够了。当然，眼下这种发电玻璃还比较贵，但比起常用的硅太阳能电池要便宜。

拓展阅读

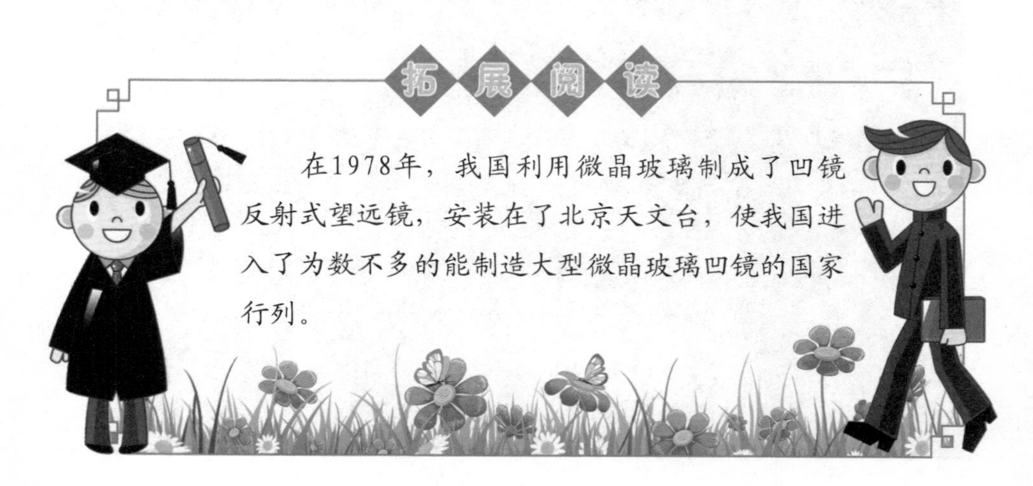

在1978年，我国利用微晶玻璃制成了凹镜反射式望远镜，安装在了北京天文台，使我国进入了为数不多的能制造大型微晶玻璃凹镜的国家行列。

不同性能的导电塑料

压电塑料

压电塑料薄膜像一张透明的食品包装纸，但它具有压电效应。在压力作用下，薄膜表面会出现电势差。这种薄膜的用途相当广泛。

它的特点是，能将一种能量转变成另一种能量，但又不消耗其他外来的能量。如果把压电塑料薄膜用在一种音响设备的微型扬声器和话筒上，能将电信号转换成发声振动，又能将发声振动转换成电信号。

压电塑料薄膜还有热电转换特性，当它感受到热时，会产生电流。所以，可以用它来制作火

警预报装置以及对人体温度极敏感的夜盗报警器。小偷尚未伸手，即会警铃大作。

压电塑料薄膜还可以用来制作海洋潮汐发电机、风力发电机以及放在手腕上的血压计；甚至可以包在潜艇外壳上，制成高灵敏度的声纳装置，可以使机器人具有“知觉”，像真人般

地行动；也可以用来制造有知觉的人造皮肤。你瞧，压电塑料薄膜的用处不少吧！

回归反光塑料

反光塑料薄膜，它具有特殊的反光性能，能用来制作自行车尾灯和各种交通标志。一束入射光，在一定角度范围内任意投射到这种薄膜上，就会在入射光的周围形成圆锥形反射光。

当汽车前灯照射到回归反光塑料薄膜上时，由于反射层呈弯曲状，光线不会散射，而总是经玻璃微珠汇聚射出。入射光由某方向射入，反射光则必沿原方向成光锥反射回去，因此称为回归反光。

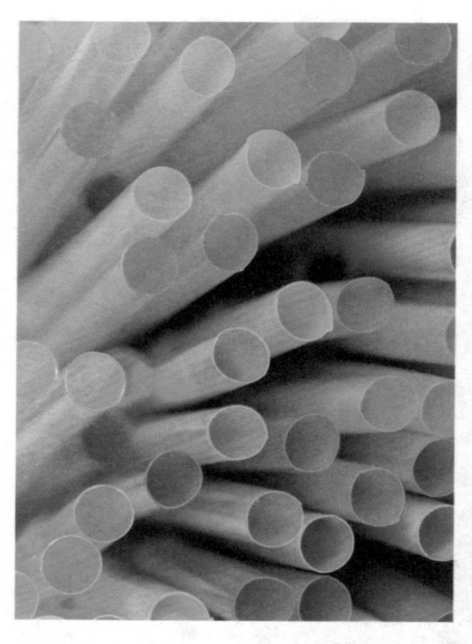

回归反光塑料薄膜有“黑夜里的交通警”的美称，在国外自行车上用得很普遍。它不仅应用于自行车尾灯，而且还普遍应用于机场、港口码头、道路行车标记上，在交通安全方面发挥着巨大的作用。

在国外，回归反光塑料薄膜还应用于某些会议室、剧院、厂房等的标志方面，甚至别出心裁地应用在广告宣传上。在周围四面八方的光线照射下，人们从各个方向都能看到它，而不像霓虹灯那样需要消耗大量的电能。

能导电的塑料

对于导电塑料的研究无论是在所开发的品种上，还是在导电性能等方面都取得了长足的进展。更令人可喜的是，在应用方面，已经有不少成功的范例。

由于导电塑料吸收光谱的本领与照到地面上的太阳光几乎不谋而合，也就是说，导电塑料能把太阳光中几乎所有的能量都

吸收下来，因此，它是制作太阳能电池不可多得的材料。导电塑料在掺杂、脱杂过程中，会经历从绝缘体到导电体之间不同程度的变化，这种变化同时导致吸收光谱的变化，于是，塑料的颜色也随之发生变化，因此，可以用来制作电致变色显示元件等。

随着科学技术的飞速发展，透明导电塑料成为了透明导电膜的首选材料。我国科学家与国外专家合作，利用某种导电塑料制成了发光二极管。美国则已经把导电塑料用于隐身飞机。此外，导电塑料在传感器和催化等方面也大有用武之地。

奇妙的发电塑料

发电塑料在太阳下一晒，就能发出电来，可以充当电池。它和一般的太阳能电池的不同之处是便宜而方便，可以像壁纸一样卷起来携带。

要想将导电塑料制成太阳能电池，还要经过一些“手续”，最主要的是要事先把导电塑料浸到一种可以把太阳光线的能量转变成电荷的一种物质溶液中。

这种溶液内有三种成分的分子。一种成分称为卟琳，它的作用是能捕获阳光中的能量；另一种成分称为苯醌，受阳光照射后，它就带负电荷；第三种成分受阳光照射后就带正电荷。这三种成分一起努力“并肩作战”，就能把太阳的光能变成为电能，方法有点类似植物用叶绿素捕获太阳能的过程，只是一个是把光变成电，一个是用光合作用变成有机物将能量储存起来。

导电塑料膜浸进了三种成分后，就具有了太阳能电池最主

要的功能，但还要在导电塑料膜的两端安上两个电极，一个是正极，一个是负极，这样，展开的导电薄膜只要在太阳下一晒，正电荷就都跑到了正极上，而负电荷则都跑到了负极上。两个电极之间再用导线连接，就能产生电流。

以后，你如果在风和日丽的天气去郊游，把几平方米的大导电塑料太阳能电池像卷纸一样卷起来就可以方便地携带，到了目的地把它展开，像个乒乓球台一样大，太阳一晒就能发出很多的电能，使野炊做饭也可以电气化。

用途广泛的发光塑料

现代不少电影院和剧场的座位牌都是用发光塑料做成的，这样人们即使迟到了，也能很快找到自己的座位，不必再由工作人员为你导引了。不仅如此，在许多城市中街道上的路牌、路标、交通示意图等也都是由发光塑料做成的。

随着生活水平的不断提高，人们越来越重视对自己居室的装潢。不少家庭的居室都用上了发光塑料。例如，利用发光塑

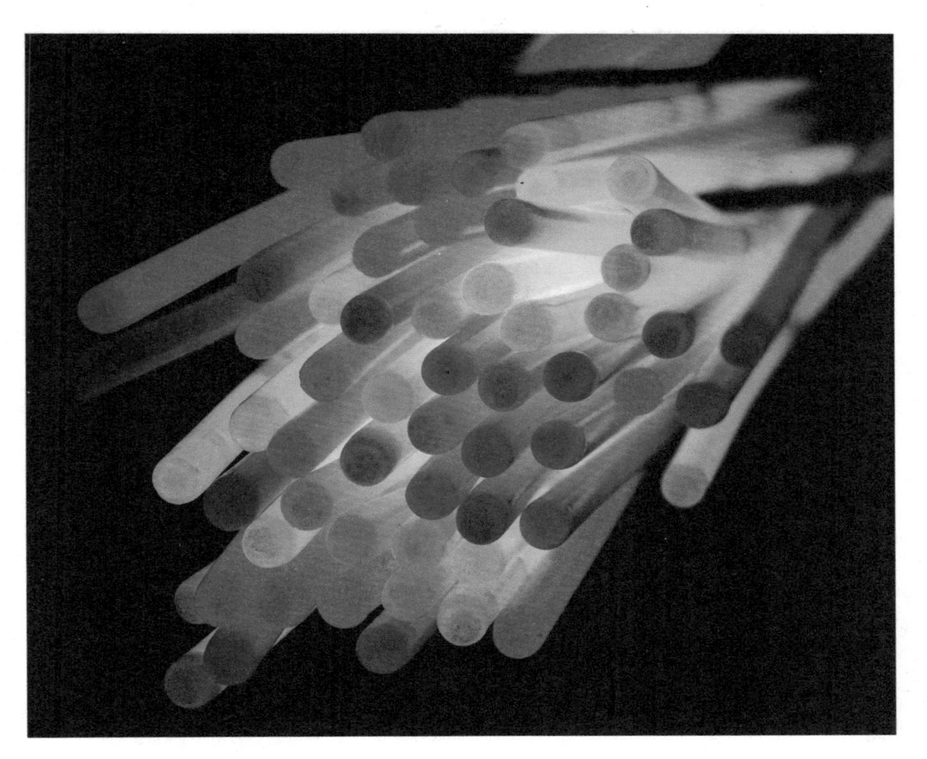

料制成了门的把手，当夜晚回家时，人们能够很快发现门上的钥匙孔。有些家庭的电灯开关、电铃按钮、电话键盘等也都是由发光塑料制作的，这样使用时就方便多了。

发光塑料的用途很广，除了上述几种用途以外，它最主要的用途还是制造多种控制设备和仪表上的标线和指针。例如，汽车在夜间行驶时，使他看不清路面的黑暗部分，如果仪表的指针和标线是用发光塑料制成的，那么既不会刺激司机的眼睛，还能够让司机看清全部仪表。

发光塑料对于部队更为实用。在战争时期，防空洞和掩蔽部里如果有几种用具是由发光塑料制成的，即使一旦被敌人切

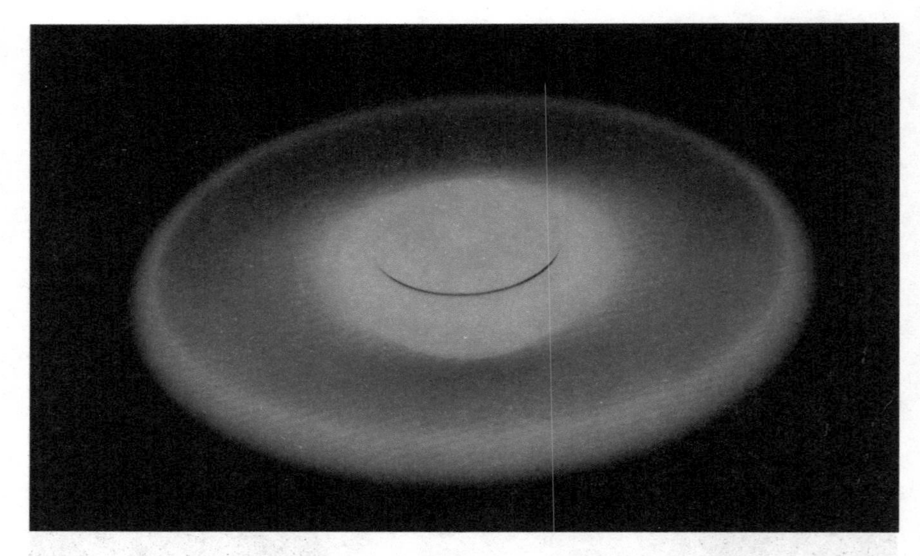

断了电源，也可以使防空洞和掩蔽部里仍然具有足以分辨周围物体的光线。研究表明，人们只要改变发光塑料中所含荧光物质的数量和种类，就可以调节发光塑料的发光强度和发光的年限了。

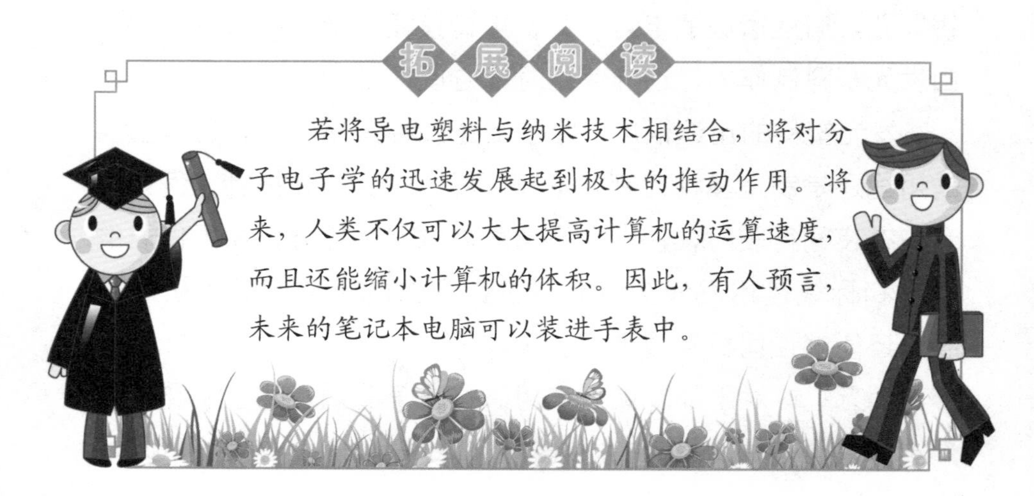

拓展阅读

若将导电塑料与纳米技术相结合，将对分子电子学的迅速发展起到极大的推动作用。将来，人类不仅可以大大提高计算机的运算速度，而且还能缩小计算机的体积。因此，有人预言，未来的笔记本电脑可以装进手表中。

五彩缤纷的纺织纤维

具有变色功能的变色纤维

在第二次世界大战中，前苏联昆虫学家什凡维奇从蝴蝶翅膀那儿得到启示，建议在飞机场、大炮阵地和军火库上，覆盖一层蝴蝶花纹的布料作为伪装。前苏军部队的有关指挥官采纳了昆虫学家的建议，从而为迷惑德国军队、赢得保家卫国的战

争胜利立下了战功。

科学家们经过研究后发现，荧光翼凤蝶的翅膀在阳光下会变幻色彩，时而金黄，时而翠绿，有时还会由紫变蓝。原来，在有些蝴蝶的翅膀上，有许许多多显色和不显色的鳞片，有规则地排列在翅膀上。当阳光照射到翅膀上时，这些鳞片对入射光会引起不同程度的反射、折射和交叠干涉，从而在人的眼中引起变幻无穷的色彩感觉。仿生学家根据蝴蝶翅膀色彩的变化，设计了一种变色纤维。

科学家们将两种受热收缩性不同的涤纶纤维和聚酯纤维混纺成丝，得到一种扭曲的、扁平的断面纤维，再将这种纤维的扁平面垂直织在织物表面。当入射光照射到纤维上时，纤维就会像蝴蝶鳞片一样，对光产生不同程度的反射、折射和交叠干

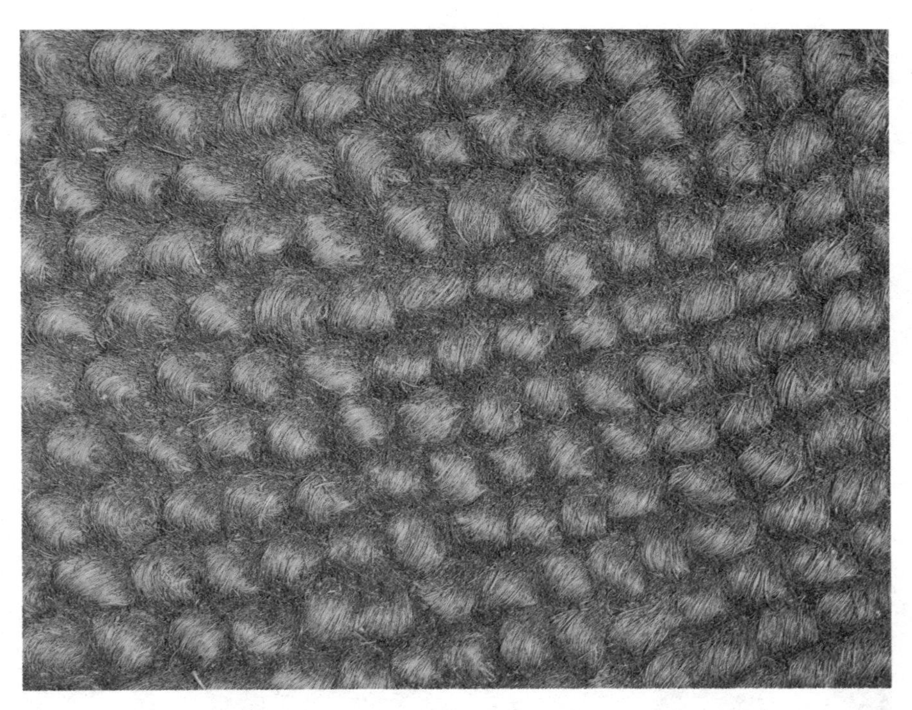

涉，让人看了眼花缭乱，扑朔迷离。这种变色纤维的织物不仅外观美丽，还有柔软蓬松的特点，穿在身上十分舒服。

变色纤维用在军事上，可做成伪装服。战士穿了这种伪装服，可以随地貌不同，交替变换成相应的颜色。在树林里，军装呈深绿色；来到草坡上，变成麻黄色；伏在野草未发的大地上，浑黄如土；走在青山绿水间，恰似玉树临风；在江河湖海上，却又与秋水长天共一色了，真是千变万化，变幻无穷。

至于谈到变色纤维的染色工艺和变化特点，它主要采用一种光色性染料来染色。光色性染料能随光而改变颜色，在一般情况下，染料处于稳定状态，受到某种色光照射后，就变成不稳定状态。光线变换时，又回复到原来的稳定状态。所以，变色纤维像变色龙那样，会随机应变，“随光变色”。

而在民用方面，人们通常并不喜欢服装与环境浑然一色，所以，专家们研制了另一种能延长不稳定状态的新型变色纤维。这种变色纤维受到一定色光照射后，新产生的颜色可以保持24小时。这样，就等于每天穿一件新衣服了。

能使衣服闪闪发光的异形纤维

所谓异形纤维，就是把原来一模一样的合成纤维制成截面畸形的纤维。像天然纤维那样，使它们呈现三角形、星形、多叶形等，可以是异形截面纤维，也可以是异形中空纤维，或者是复合异形纤维。

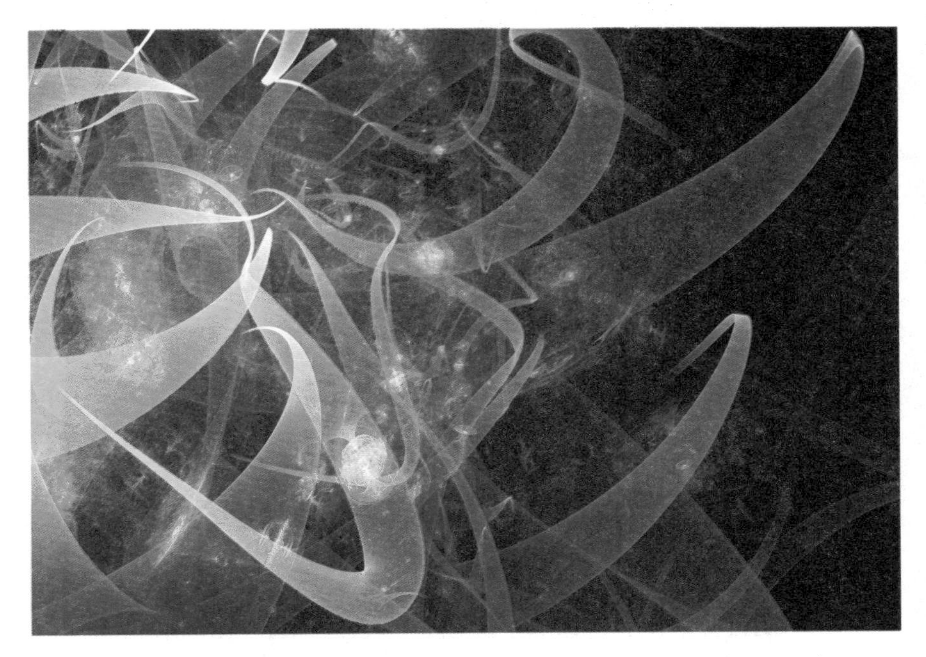

市场上颇受消费者欢迎的闪色围巾、闪光人造狐毛皮、可以乱真的人造貂毛皮等，都是夹入了能闪闪发光的异形纤维做成的。异形纤维的种类很多，性能各异，制造简单、经济，它能够在化纤生产中大放异彩。异形纤维透气率比一般纤维织物高10%至20%，所以特别适宜制作夏季薄型织物。异形纤维吸附性强，可以作空气净化材料。高强度异形纤维还可作高速汽车轮胎内的帘子线。用处还真不少呢。

冬暖夏凉的中空纤维

随着时代潮流的变化，市场上流行起了一种中空滑雪衫。凡是有这种服装的人大都有这样的体会，冬天穿着它，给人以软绵绵、暖洋洋的感觉，一点也不觉得冷，舒服极了。原来，那是由于中空纤维保暖性强、比重轻、弹性好的缘故，因此很受消费者的欢迎。

当化学纤维呈熔体状态时，经过特种狭缝喷丝板喷射，冷却后便可成为中空纤维。如果在喷丝板中装入微孔导管，在空腔中注入氮气，由于氮气的保暖性比空气更好，所以充氮的中空纤维保暖性更佳。它可以用来制作宇航员遨游太空的宇航服。

国外还利用中空纤维制成一种“冷胀热缩”的新颖服装。由于在纤维空腔内充入了一种特殊的气体，外界气温比较低时，纤维充气膨胀，服装就会变得紧密而不透气，保温性好。

相反，外界气温升高纤维内的气体液化，纤维收缩服装变薄，孔隙增加，透气性好，穿着凉快。这就是说，从外表看是一件薄薄的衣服，由于它能“冷胀热缩”，因此具有冬暖夏凉的神奇功能，冬天、夏天都可以穿，多方便啊！

品质绝佳的蜘蛛丝纤维

蜘蛛丝具有很高的强度和弹性。科学家发现，蜘蛛丝非常适合于制造防弹服，它耐受子弹冲击力的性能优于现有的防弹服纤维“凯芙拉”。由于蜘蛛丝具有惊人的强度和弹性，因此可用于制造“人造肌腱”“人造血管”、非过敏性手术缝合线等医疗用品。其次，蜘蛛丝质地轻盈。因此，蜘蛛丝还可以用于制造登山绳、救生索、绳梯、降落伞绳以及其他既需要坚韧性，又要求重量轻的特种绳索。

当然，尽管蜘蛛丝是一种非同寻常的蛋白纤维，但是，蜘蛛在生活习性上与蚕截然不同。蚕以桑叶为饲料而蜘蛛却以捕捉小型昆虫为主食，因此无法大规模饲养。所以，常常人们无法取得大批量的天然蜘蛛丝。

科学家们依靠生物工程技术终于解决了人工生产蜘蛛丝这一高技术难题，首先从蜘蛛体内分离出“负责”分泌丝蛋白的脱氧核糖核酸片段，然后将它融合进大肠杆菌的细胞核中。

大家知道，大肠杆菌容易工业化培养，所以，人们可以通过工厂生产带有蜘蛛丝蛋白的大肠杆菌，然后再从大肠杆菌中分离出蜘蛛丝蛋白，最后经过普通纺丝工艺就可以得到合格的人造蜘蛛丝了。

我们相信，随着现代科技的迅猛发展，人们改变蜘蛛丝无法像蚕丝那样大量生产的历史是必然的，用蜘蛛丝制作服装、防弹服、安全帽、医用线等用品成为现实。蜘蛛丝的广泛应用为人类明天的纺织服装业，以及军事、航天、航海、建筑与汽车工业，展示了美好的前景。

超细纤维

随着时代的不断变化，世界服装行业出现了全面追求轻便、舒适和美观大方的新潮流。但是，一般大多数化纤服装的舒适性比天然纤维差。为此，超细纤维、“仿真”化纤及其相关织物的开发得到了进一步的发展。

超细纤维兼具天然纤维和人造纤维的双重特性，它比传统纤维细，所以比一般纤维更具蓬松和柔软的触感，而天然纤维的易皱、人造纤维的不透气等缺点，超细纤维均能克服。

此外，超细纤维还具有保暖、不发霉、无虫蛀、质轻、防水、高重复性等优良特性。正因为它具有许多其他纤维无法取代的特性，所以，深受消费者喜爱，颇具市场潜力。

超细纤维的品种有：超细旦粘胶丝、超细旦锦纶丝、超细

旦涤纶丝、超细旦丙纶丝等。制成产品主要可分为五大类：人工皮革类，擦拭布类，高密度织物，过滤、保温、吸音合成纸和医用材料。它的应用范围很广，所以品种繁多。

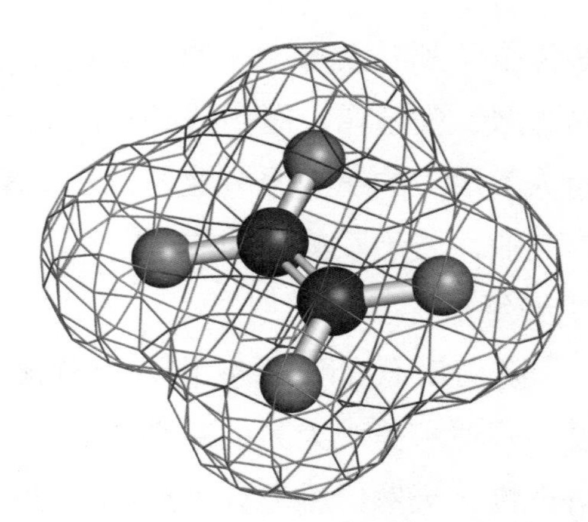

我国科学家和技术人员自主开发的超细旦丙纶长丝，为我国的化学纤维增添了一个具有广阔应用前景的新品种。我国已经形成了由中科院化学研究所、中国纺织大学牵头的多个企业组成的分布在多个省市的产业化网络。超细旦丙纶长丝制造技术，改善了织物的舒适性和卫生性，特别适合制作高档运动服和男、女内衣。随着纺织工业的重振雄风，将会有越来越多的超细纤维品种诞生，成为纺织工业明日之星。

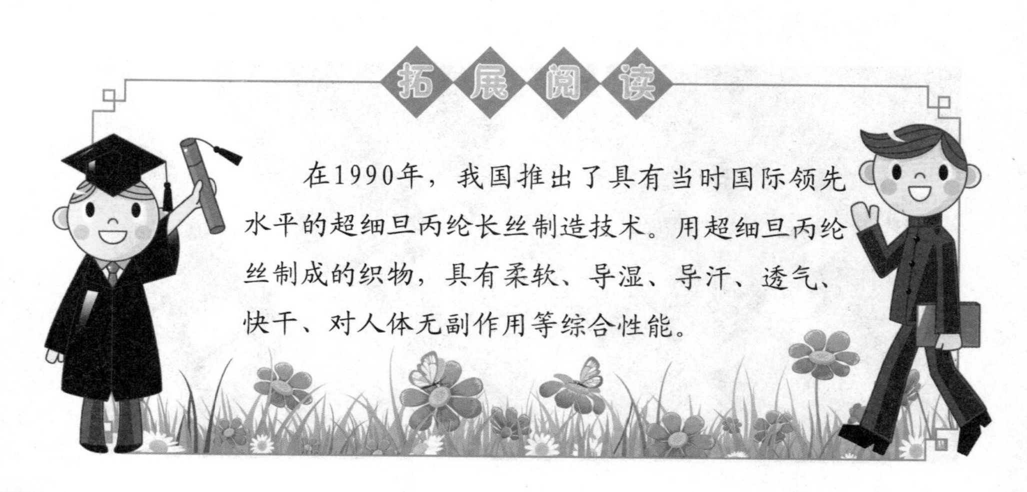

在1990年，我国推出了具有当时国际领先水平的超细旦丙纶长丝制造技术。用超细旦丙纶丝制成的织物，具有柔软、导湿、导汗、透气、快干、对人体无副作用等综合性能。

用途颇广的医用纤维

医用纤维具有特殊性，用于医学领域的产品在性能和加工上有其特殊性，主要表现为：特殊的功能和兼容性，生物安全性，耐生物老化性或可生物降解性以及可消毒性。

研究表明，许多新型化学纤维，可以供医疗临床使用，它

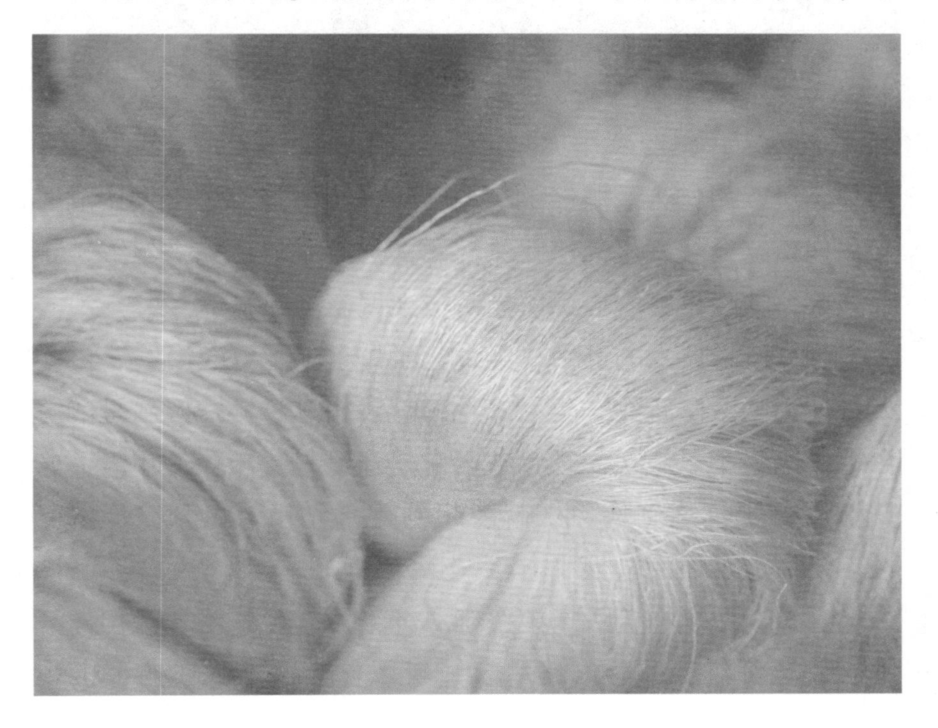

们甚至可以用作人工脏器的材料呢！在科学技术还不发达的时代，伤口缝合线，不外乎是天然蛋白质纤维，比如蚕丝线、羊毛线等，缺点是线表面不够光滑，强度差。

随着科学技术的进步，经过化学处理的化纤缝合线，例如大量使用的医学锦纶长丝和涤纶带就没有这种弊病。新型的缝合材料已经不是线也无须针缝，它是涤纶粘合布。使用时，像贴橡皮膏那样贴到伤口处就能起到缝合作用，十分简便。而且，伤口愈合后疤痕很小。

值得一提的是，医用中空细芯纤维、微孔纤维、医用碳纤维、乙烯纤维和醋酸纤维等，还可以作为制造人工脏器的材料，例如人工心脏瓣膜、人工腹膜、人造皮肤、人造血管等，在我国已经开始使用，效果良好。人工肾脏是用中空纤维布料做成的，能替代病变的肾，具有过滤血液的功能。

用高弹性细芯中空纤维交织而成的人造血管等，对人体没有毒性，不受排斥。用碳纤维复合材料做成的人造骨代替真骨，经过3个多月，肌肉就会奇迹般地长在上面，肌腱功能复原如初。

美国用一种特制的拉链代替传统的针线缝合法，这种拉链就是用聚乙烯纤维材料制成的。它透气性好，刀口感染率低，伤口愈合快。医学界认为，用拉链愈合法取代针线缝合法是医学科技发展以来，外科手术领域取得的一项新成果。

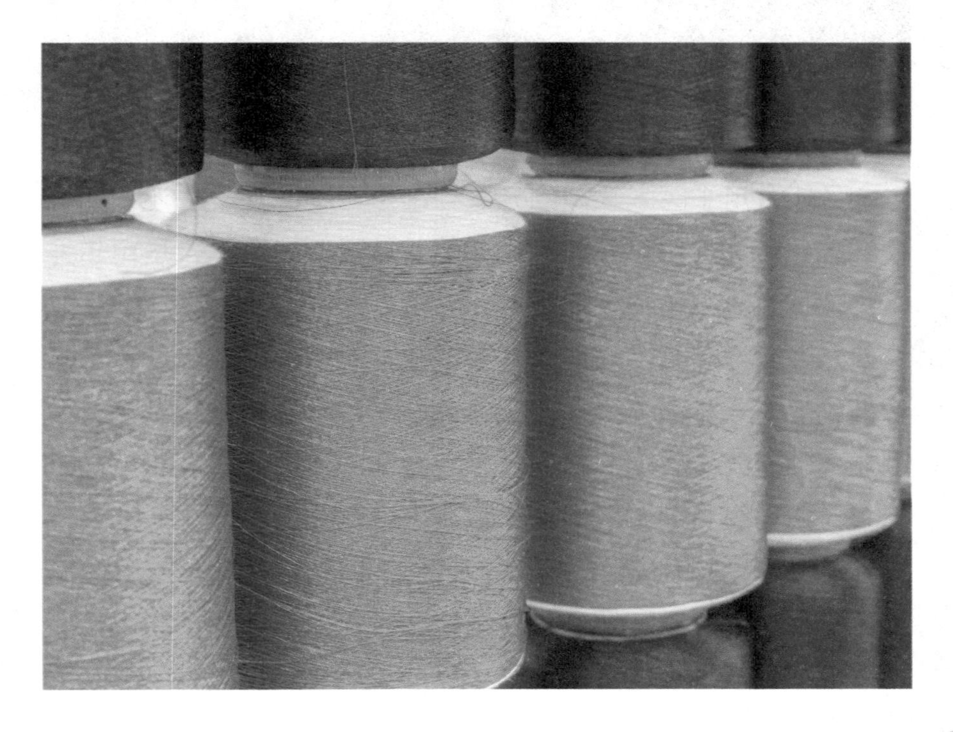

另外，用于医学领域的光导纤维是一种比头发丝还细的玻璃纤维丝。光导纤维在20世纪20年代就研制出来了，是用超纯石英玻璃在高温下拉制而成的，有很好的导光能力。

光导纤维是医生的得力助手。我们熟悉的内窥镜就是用光纤做的。有一种激光光纤内窥镜碎石系统，利用胃镜把带有微型炸药的光纤导管送入胃中，沿光纤通入激光引爆炸药，击碎结石再用胃镜将结石取出，去除病患。

如果，通过细微光纤用高强度的激光来切除人体病变部位，不用切开皮肤和切割肌肉组织，不仅能够减少了痛苦，而且部位准确，手术的效果很好。

还有一种纤维能够用于减肥，这也是医学方面的一种创造。减肥纤维是一种吸水后会膨胀的异形纤维。它是经过特殊加工而制成的超细纤维，即使在光学显微镜下，也难以看清它的直径大小。

这种纤维的中间有微小的空隙，吸水可达自身重量的几百倍以上。减肥纤维一旦吸水膨胀以后，就形成钙状物质，且难以再将吸入的水分挤出。

饭前或用餐时吃入这种纤维以后，它在胃中吸水膨胀，使人产生一种饱肚感，这样就可以减少饮食，防止肥胖。这种减肥纤维对人体无害，会随食物经过消化系统排出体外。

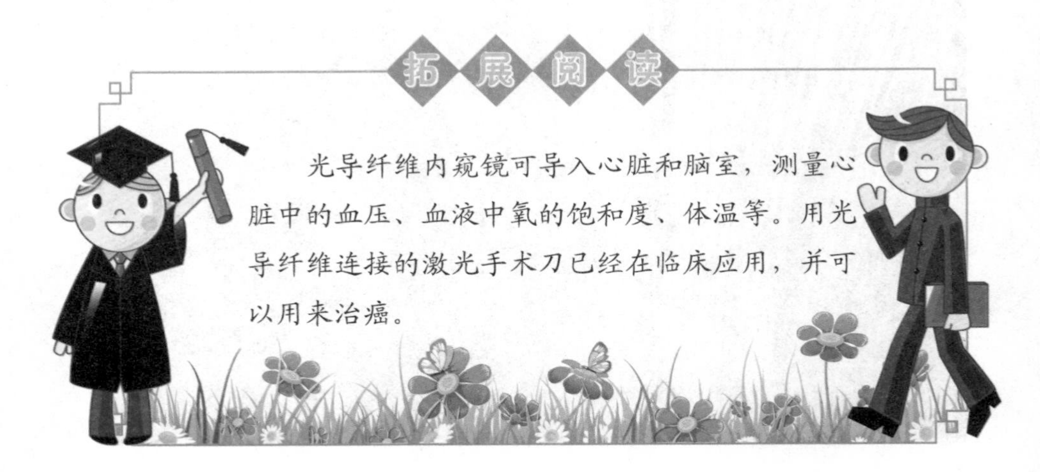

拓展阅读

光导纤维内窥镜可导入心脏和脑室，测量心脏中的血压、血液中氧的饱和度、体温等。用光导纤维连接的激光手术刀已经在临床应用，并可以用来治癌。

与时俱进的新型木材

木材是植物的“产品”。木材虽然密实，但仍是一种孔隙性有机材料，木材由其细胞构成，细胞壁内的空腔中充有多种不同物质。木材的原始形式，即未经加工的形式，称为原木。木材是指砍伐后的、长度厚度和质量不同的树木，可见木材既是原料又是材料。

从物理上看，木材并不密实含有大大小小的空腔，因此称之为孔隙体。细胞壁的空腔比细胞的空腔小得多。并在一定程度上充填有水或水汽混合物。木材的这种水分对其强度影响很大。

木材像任何孔隙物体一样，吸收空气中的水蒸气，也就是说有吸湿性。随着空气的温度及湿度的不同，木材总是具有相应的湿度。也就是说，木材和环境空气间总是达到吸湿平衡状态。

木材的热延伸性不强。木材的磁性能也相当有限，因此用木材制作天线的塔架时，它几乎不影响天线的发射电磁场。木

材的声学特性与其他材料有明显区别。因此在制作乐器方面优先得到采用。

木材还具有良好的弹性。如果木梁的负荷处于虎克定律范围而距离破断负荷足够远，那么在当负荷解除时，变形几乎完全消失，这是典型的弹性材料性质。

当然，木材也像其他材料那样具有屈服现象，即在一定负荷下，变形与时间有关。木材的强度在毛密度条件下测出是突

出的，然而，木材允许负荷仅为破断力的10%左右，所有强度特性与木材的水分相关，水分增加则强度下降。例如，水分为50%时，强度为初始值的50%以下。

从世界范围来看，在天然原料的使用数量方面，木材仅次于煤和石油而居第三位，因而在整个原料经济中占有重要地位。木材同煤、石油及另外一些天然原料，比如金属矿、矿物相比，有一个根本性的区别，就是它作为天然高分子聚合物能够不断生长，从而能持久地供人使用。

瑞典皇家理工学院的研究人员研究出了一款透明的木头材料，这种材料能够改变我们构建楼房以及太阳能电池板的固有方式。研究人员称，这种新型材料便于大规模生产，成本低而且可再生。如果用于楼房建筑，自然光能够穿过墙体照射到屋内。因此，极有可能改善楼房的室内采光，这就大大节省了人工照明的成本。

这种新型透明木材应用范围广泛，可以作为窗户或者半透明的房体材料，还可应用于太阳能电池上，因为它既能够接受阳光照射，又能够维护个人隐私。由于储光性能良好，它也能用作太阳能电池板，提高电池板的效率和性能。

木材是最广泛应用于房屋建筑的材料。这种新型透明木材最吸引人的一点，就是它是源于可再生资源，并且拥有一流的

机械性能，包括足够的强度和韧性，较低的密度和导热率。

随着时代的发展，由于人们对木制品的喜爱，市场上出现了仿木产品。所谓仿木，即木材的仿制品，从表面效果看，它就是我们自然界的木材。它是一种可以替代天然木材的一种新型材料。一般情况下，木材能参与的领域，仿木都能参与。

仿木运用的领域有：市政建设、房产建筑、园林景观。具体细化的项目有：水泥仿木栏杆、河堤护栏、地面装饰、花箱、景区小品。仿木用途广泛，因地制宜，可独立，可组合。仿木的发展是响应国家的政策，是国家大力推行和倡导的绿色环保节能产品。仿木的推广使用，保护了有限的木材资源，避免了过度砍伐。仿木的广泛运用满足了人们对木材的喜爱与审美的需求，达到了殊途同归的目的。

仿木产品具有色泽纹理逼真、坚固耐用、免维护、仿真度高、不腐、不燃、不变形、使用年限长等特点，追求实木的质感和亲和力，贴近自然，实用美观。

随着现代化科学技术的发展，出现了陶瓷木材，它具有木材的颜色、光泽、木纹。它能够用加工木材的方法进行加工，增重30%至60%，使耐火性大大提高。吸水率能够从未处理木材的140%左右下降至50%至90%。尺寸稳定性和吸湿膨胀性也有改善，硬度可提高120%左右，强度可提高20%以上。

陶瓷木材为改善劣质木材的性能提供了有效途径。比如，将这种陶瓷木材经过约900℃高温热处理，木质部分将碳化挥

发。而无机盐将形成具有木质结构和开口气孔的多孔陶瓷，利用它的比表面较大特点，可用作过滤器材料或新型催化剂载体。

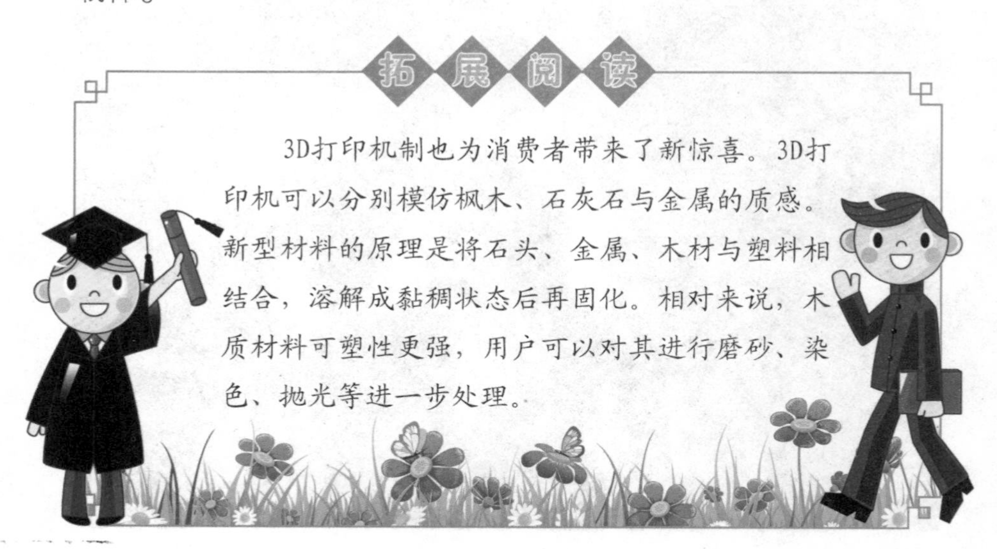

拓展阅读

3D打印机制也为消费者带来了新惊喜。3D打印机可以分别模仿枫木、石灰石与金属的质感。新型材料的原理是将石头、金属、木材与塑料相结合，溶解成黏稠状态后再固化。相对来说，木质材料可塑性更强，用户可以对其进行磨砂、染色、抛光等进一步处理。

现代科技化的超导材料

超导材料，是指具有在一定的低温条件下呈现出电阻等于零以及排斥磁力线的性质的材料。超导材料的基本物理参量为临界温度Tc，临界磁场Hc和临界电流Ic。

外磁场为零时超导材料由正常态转变为超导态或相反的温度，以Tc表示。使超导材料的超导态破坏而转变到正常态所需

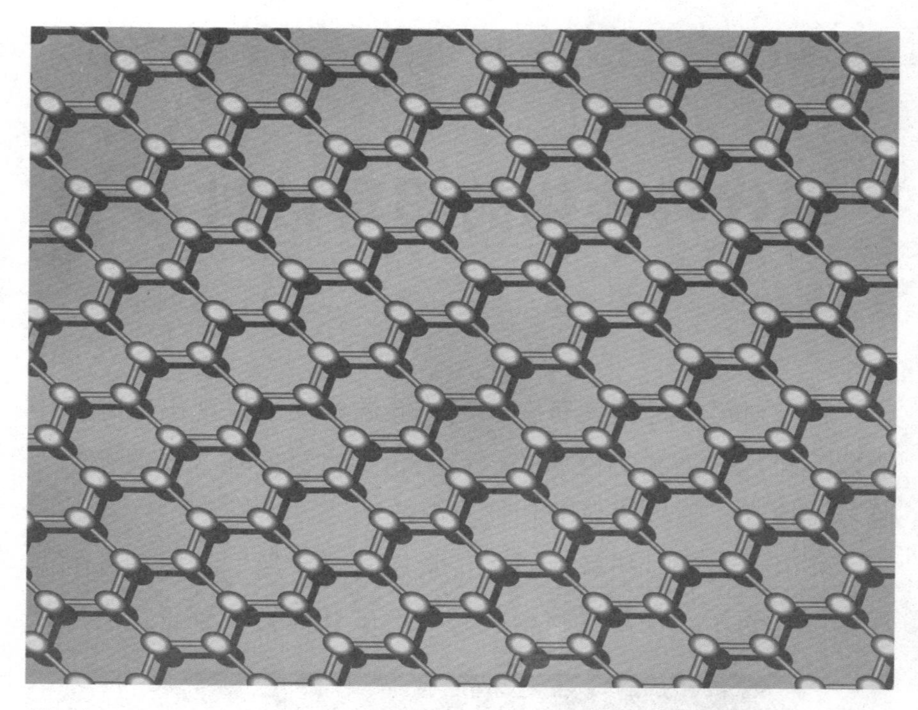

的磁场强度，以Hc表示。通过超导材料的电流达到一定数值时也会使超导态破态而转变为正常态，以Ic表示。

超导材料处于超导态时电阻为零，能够无损耗地传输电能。如果用磁场在超导环中引发感生电流，这一电流可以毫不衰减地维持下去。这种“持续电流”已经多次在实验中观察到。

超导现象是20世纪的重大发现之一。科学家发现某物质在温度很低时，比如铅在零下265.95℃以下，电阻就变成了零。超导材料处于超导态时，只要外加磁场不超过一定值，磁力线不能透入，超导材料内的磁场恒为零。

1986年，瑞士物理学家米勒和联邦德国物理学家贝德诺尔茨发现了氧化物陶瓷材料的超导电性，从而将Tc提高到35K。之后仅一年时间，新材料的Tc已经提高到100K左右。这种突破为超导材料的应用开辟了广阔的前景，米勒和贝德诺尔茨也因此荣获1987年诺贝尔物理学奖金。

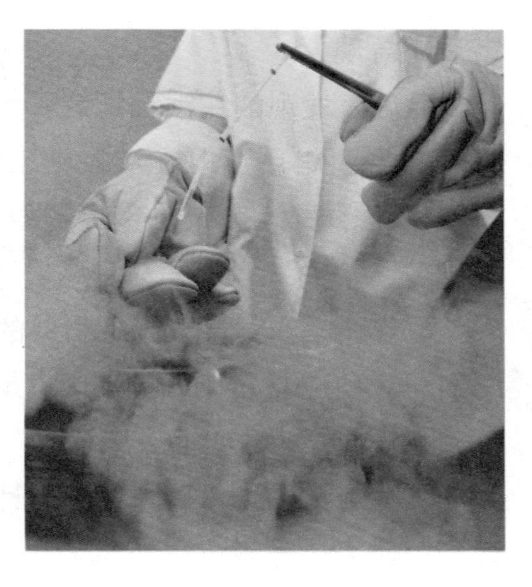

此后，美籍华人学者朱经武，中国物理学家赵忠贤在1987年相继发现了出现超导现象的钇钡铜氧系高温超导材料。不久又发现了铋锶钙铜氧系高温超导合金，在110K的温度

就有超导现象。

而后来发现的铊钡钙铜氧系合金的超导温度更达120K。这样，超导材料就可以在液氮中工作了。这可以说是20世纪科学技术上的重大突破，也是超导技术发展史上的一个新的里程碑。

现代科学家对高温超导材料的研究仍然方兴未艾。苏州新材料研究所成立于2011年，这也是现代全球第三家、全国第一家超导体研发、生产企业。

研发团队成员包括国家千人计划特聘教授、中科院“百人计划”研究员等多位海外归国专家，他们向第二代高温超导材料这项最前沿的技术发起了攻关。

经过科研人员的努力，研究所在高温带材研发方面取得了重大技术突破，他们拥有国内第一条完全自主知识产权的千米高温超导带材生产线，并成功实现了“铁基超导材料”的产业化，打破了国外发达国家的技术垄断。

超导材料应用的社会效益和经济效益，首先将表现在大功率远距离输电方面。节省了大量的电能损耗，对促进社会、经济的发展，发挥了十分巨大的作用。

利用超导线圈储能是超导材料的又一大应用。超导线圈的储能效果是通常水冷铜导线线圈储能的100至1000倍，而超导线圈本身并无电能损耗，只需消耗一定的制冷功率即可。

除了在输变电方面，超导材料还可以广泛应用于信息通讯、生物医药、航空航天等领域，未来这项技术将有效推动我国节能减排战略的实施，产生巨大的经济效益。

利用材料的超导电性可以制作磁体，应用于电机、高能粒子加速器、磁悬浮运输、受控热核反应、储能等；可制作电力电缆，用于大容量输电；可制作通信电缆和天线，其性能优于常规材料。

利用材料的完全抗磁性可制作无摩擦陀螺仪和轴承，利用约瑟夫森效应可制作一系列精密测量仪表以及辐射探测器、微波发生器、逻辑元件等。利用约瑟夫森结作计算机的逻辑和存储元件，其运算速度比高性能集成电路的快10至20倍，功耗只有四分之一。

高温超导电缆的大规模应用能够极大地提高电力输电系统的运行效率，降低运行成本。国际上高温超导电缆的总体发展趋势是研制大容量、低交流损耗、超长高温超导电缆。专家估计，高温超导电缆最有可能率先实现实用化和商业化。

随着社会的发展,对电网的质量要求越来越高，而传统的限流器很难在短时间内对电网的脉冲电流起到限制作用。高温超导限流器正好弥补了传统限流器的缺点，其限流时间可小于百微秒级，能够快速和有效地起到限流作用。

超导限流器是利用超导体的超导态，就是常态转变的物理特性来达到限流要求，它可以同时集检测、触发和限流于一

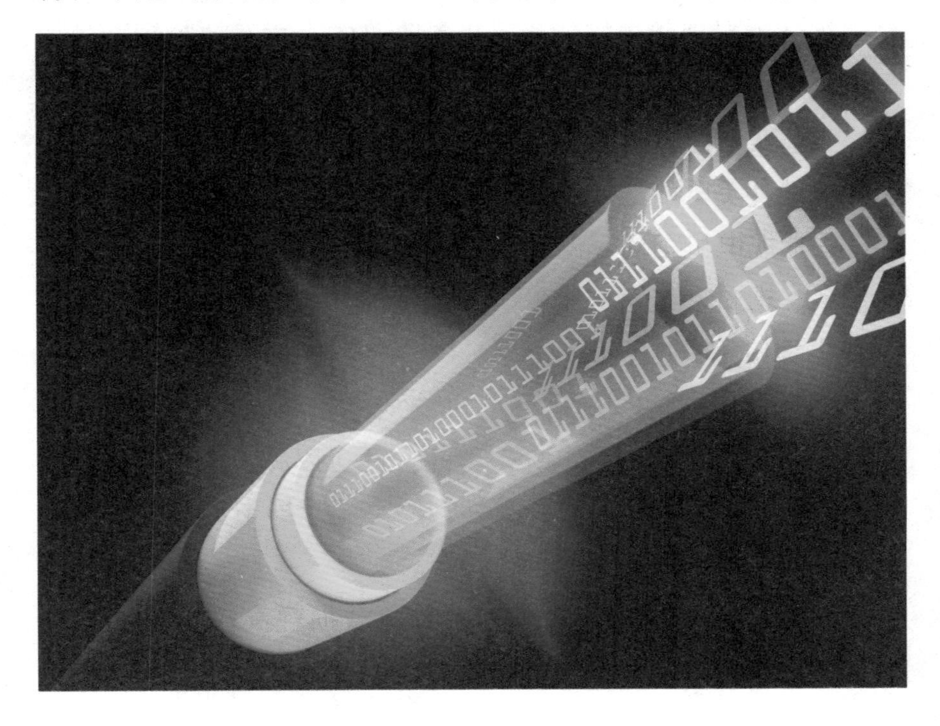

身，被认为是现代最好的而且也是唯一的行之有效的短路故障限流装置。电动机是最常用的电气设备，但是传统电动机耗电量极大。美国工业界专家统计，1000马力以上的工业用电动机大约要消耗美国能源的25%。

与常规电机相比，超导电机具有节能性好、体积小、单机容量大、造价及运营成本低、稳定性能好等优点，具有很好的经济效益和环保效益。

供给同样的功率，超导电机的尺寸是常规电机的三分之一，制造成本可以降低40%，电流损耗可以减少50%，运行成本可以降低50%。美国能源部估计，高温超导电动机的低损耗每年可减少数十亿美元的运行费用。

常规变压器有许多缺点，比如负载损耗高、重量和尺寸大、过负载能力低、没有限流能力、油污染及寿命短等。在美国，变压器的总装机容量约为总发电量的3至4倍，其电力系统的网损约为总发电量的7.34%，其中25%为变压器损失。

相比较而言，超导变压器体积小、重量轻、电压转换能量效率高、火灾环境事故几率低、无油污染等优点，在提高电力系统的可靠性和运行性能、降低成本、节约能源、保护环境等方面有着重要的现实意义。

由于超导材料具有超导电性，所以，为人类交通运输也做出了很大的贡献，磁悬浮列车是最典型性的代表。磁悬浮列车是一种现代高科技轨道交通工具，它通过电磁力实现列车与轨道之间的无接触的悬浮和导向，再利用直线电机产生的电磁力牵引列车运行。

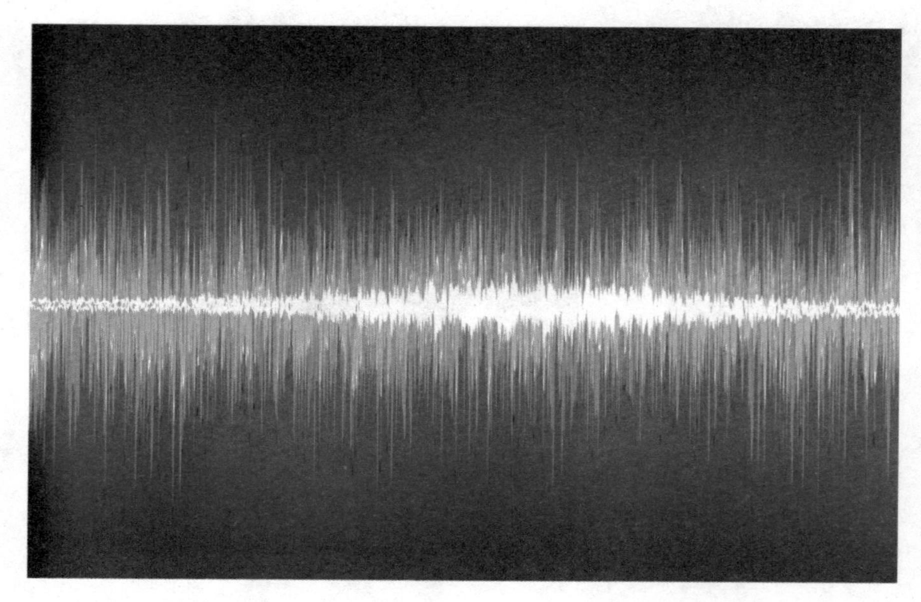

由于磁铁有同性相斥和异性相吸两种形式，所以磁悬浮列车也有两种相应的形式，一种是利用磁铁同性相斥原理而设计的电磁运行系统的磁悬浮列车。它利用车上超导体电磁铁形成的磁场与轨道上线圈形成的磁场之间所产生的相斥力，使车体悬浮运行在铁路上。

另一种则是利用磁铁异性相吸原理而设计的电动力运行系统的磁悬浮列车，它是在车体底部及两侧倒转向上的顶部安装磁铁，在T形导轨的上方和伸臂部分下方分别设反作用板和感应钢板。控制电磁铁的电流，使电磁铁和导轨间保持10毫米到15毫米的间隙，并使导轨钢板的排斥力与车辆的重力平衡，从而使车体悬浮于车道的导轨面上运行。

早在1922年，德国工程师赫尔曼·肯佩尔就提出了电磁悬浮原理，并于1934年申请了磁悬浮列车的专利。1970年以后，随着世界工业化国家经济实力的不断加强，为提高交通运输能力以适应其经济发展的需要，德国、日本等发达国家以及中国都相继开始筹划进行磁悬浮运输系统的开发。其中德国和日本取得了世人瞩目的成就。

随着科学技术的快速发展，超导磁体在医学上也发挥了很重要的作用。医用超导磁体可以将药剂制成超导铁磁性，然后输入人体，通过外部磁场，控制该铁剂达到患处，以治疗常规药物无法治疗的癌症等疾病。医用射频超导量子干涉磁强计。分辨率高，可以给出人体心脏、脑、眼等部位的精准磁图，以确定这些部位的生理和病理状态。

核聚变反应时，其内部温度高达1亿℃至2亿℃，没有任

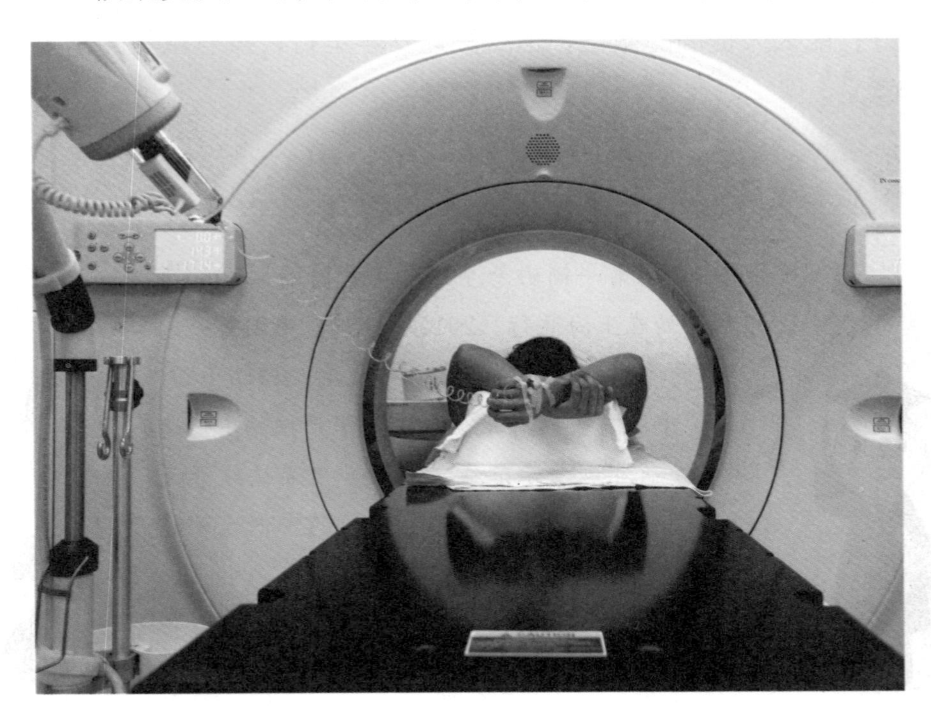

何常规材料可以包容这些物质。而超导体产生的强磁场可以作为“磁封闭体”，将核聚变反应堆中的超高温等离子体包围、约束起来，然后慢慢释放，从而使受控核聚变能源成为前景广阔的新能源。超导材料在军事上也有其重大作用，在军事上战舰应用的是高温超导电机，其舰船体积重量更小，空间布置更灵活，推进系统运行更加可靠，效率更高，控制更方便，调速性能更好，能大大提高隐蔽性，达到高速安静运行，具有重要的军事意义。

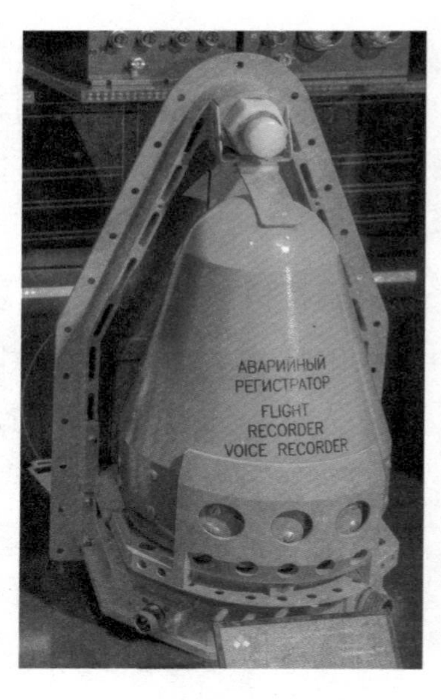

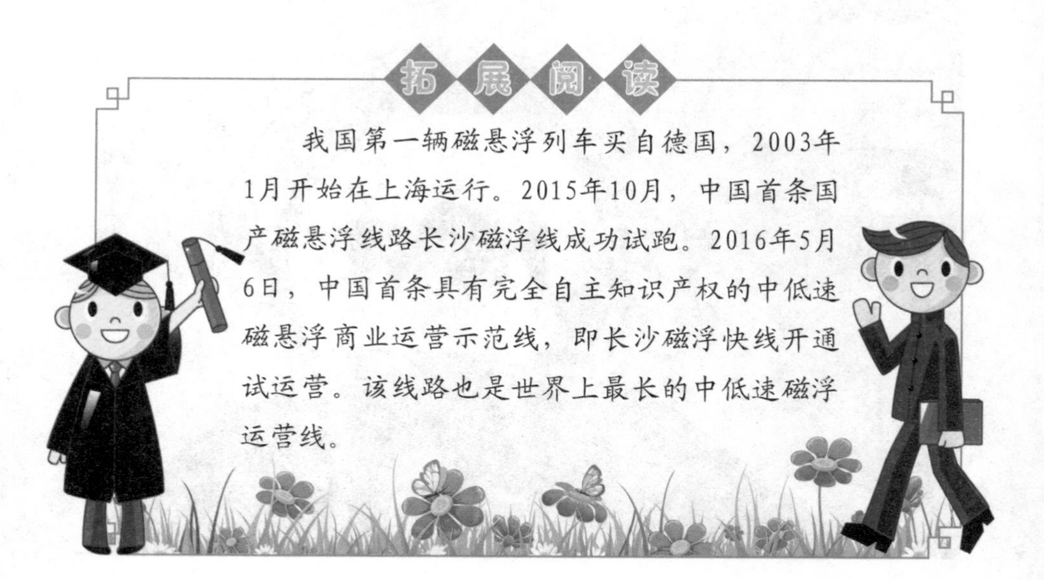

拓展阅读

我国第一辆磁悬浮列车买自德国，2003年1月开始在上海运行。2015年10月，中国首条国产磁悬浮线路长沙磁浮线成功试跑。2016年5月6日，中国首条具有完全自主知识产权的中低速磁悬浮商业运营示范线，即长沙磁浮快线开通试运营。该线路也是世界上最长的中低速磁浮运营线。

神秘奇妙的激光材料

20世纪50年代，随着无线电电子学的飞速发展，为了探索产生更短的相干电磁波，在1954年，美国哥伦比亚大学教授汤斯首次制成了氨分子微波激射器，由此打开了通向激光的道路。

激光有很多特性，首先，激光是单色的，或者说是单频

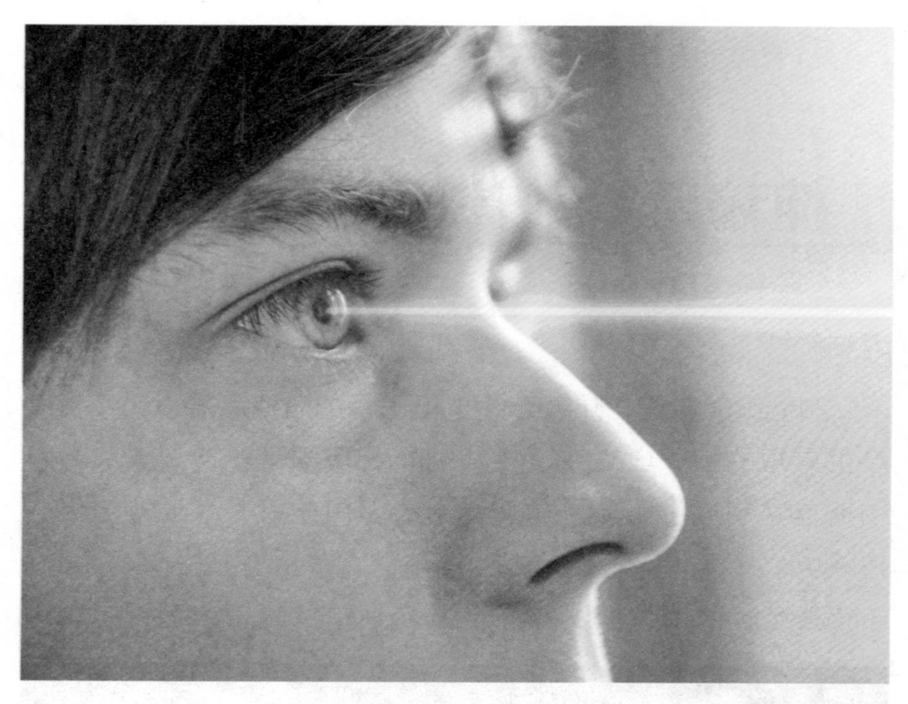

的。有一些激光器可以同时产生不同频率的激光，但是这些激光是互相隔离的，使用时也是分开的。

其次，激光是相干光。相干光的特征是其所有的光波都是同步的，整束光就好像一个“波列”。再次，激光是高度集中的，也就是说它要走很长的一段距离才会出现分散或者收敛的现象。激光被称为“最快的刀”“最准的尺”“最亮的光”。

随着科学技术的发展，激光已经走进人类社会的各个领域，工业、农业、国防、科研和人们的生活。激光成为了几乎人人皆知的一个词。但它还是高技术，一种深入到人类生活各个方面的高技术。

君不见激光唱机乐曲回荡，激光电影奇妙异常，激光排版快速完美，激光打印清晰优美，激光彩色复印犹如原画，激光手术精细准确，激光武器神速神威，激光化学反应随心所欲，激光俘获准确无误。

随着时代的变化与进步，激光历经了从发现到发展的高技术应用的峥嵘岁月，不断取得研究成果，而其中对激光材料的追求贯穿于整个历程的始终，随着科技的进步，已经形成了激光材料家族。

固体激光器

固体激光器的基质材料是晶体材料或玻璃材料，在这些晶体或玻璃中均匀地掺入了少量离子，比如红宝石中的铬离子，

钕玻璃中的钕离子。

因为真正发光的是激活的离子，所以，用这类材料制作的激光器称为固体离子激光器。发光的激活离子有：稀土元素钕、镝、钬、镨等，过渡金属元素铬、锰、钴、镍等，还有铀等放射性元素。

固体材料的活性离子密度介于气体和半导体之间。固体材料的亚稳态寿命比较长，自发辐射的光能损失小，贮藏能源的能力较强。另外，固体材料的荧光线较宽，可以获得超短脉冲的超强激光辐射。在固体激光器中，红宝石是三能级系统，其余大都是四能级系统。因为固体器件小而坚固，脉冲辐射功率很高，所以应用范围较广泛。

气体激光器

实验发现，除了固体材料可以作为激光材料外，气体也可以作为工作物质。一般来说，气体激光器是品种最多、应用非常广泛的激光器，且气体激光器结构简单、操作方便、造价低廉、稳定性好。在民用和科学研究中，比如在工农业、医学、精密测量、全息技术等方面应用很广。

气体激光工作物质有原子、离子和分子气体三大类。在气体激光介质中，除激活成分外，一般还掺入适量辅助气体，用来提高激光输出功率，改善激光性能和延长激光器寿命等。

人们常常应用的有氦氖气体激光器、二氧化碳气体激光器、氩离子激光器和氮分子激光器等。后者输出功率大、效率高。气体激光器有电能、热能、化学能、光能、核能等多种激励方式。电能激励中又有直流电、交流电、射频放电等方式之分。

半导体激光器

半导体激光材料有几十种，最成熟的有砷化镓和镓铝砷等。由于半导体激光器体积小、重量轻、寿命长、效率高和结构简单等优越性，所以，在航天器、飞机、军舰、车辆上应用特别适宜。这种激光器工作波长范围宽，而且可以通过外加电场、磁场、温度和压力等改变激光的波长，调谐控制方便。由于半导体激光器制作得小巧玲珑，总功率不高，所以，适合于低功率系统使用。

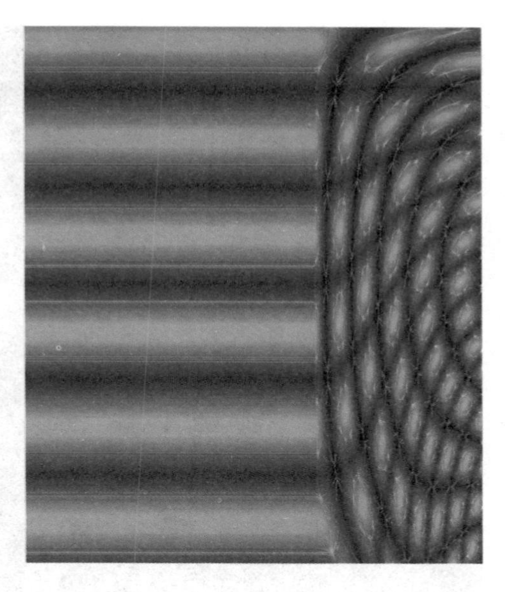

功率巨大的化学激光器

通过化学反应实现粒子数反转的激光器叫化学激光器。尽

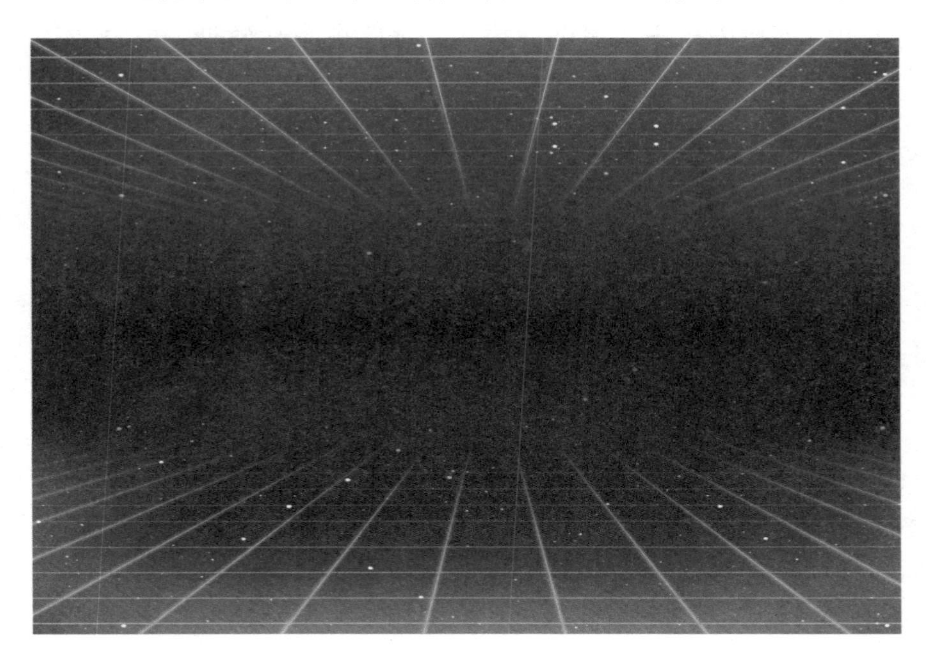

管它的工作物质大多使用气体，也有用液体的，结构大多数和气体激光器相似，但是，在化学反应的引发、粒子数反转过程等方面有其特殊性，尤其必须通过化学反应实现激光器的运转，所以，并不把它并入气体激光器。

化学物质本身蕴藏巨大的化学能，它能在单位体积内集中大量的能量，当化学能直接转换为受激辐射时，就可以获得高能激光。另外，它的装置体积不大，重量又轻，很受军方青睐。

波长极短的准分子激光器

“准分子”不同于一般稳定分子，它并不是真正的分子，在自然界的正常状态中也不存在。准分子是人工制造的一种仅能在激发态情况下以分子形式存在，而在基态情况下离解成原子的不稳定复合物。

准分子激光器是20世纪70年代以来新崛起的一种高能脉冲器件，发展前途很大。尤其是准分子激光器件的波长大多分布在紫外区，波长又可调，可望在受控核聚变、同位素分离、等离子体诊断、有机物的冷光滑机械加工、星际通信、激光武器等方面一展身手。

与众不同的自由电子激光器

所谓“自由电子激光器”，是指一种高功率连续可调谐的新颖激光器件，需要用加速器等复杂设备。这种激光器从理论到实验还尚不成熟。

自由电子激光器的工作机制与众不同，它是从加速器中获得几千万电子伏特的高能调整电子束，这些调整电子束经过周期性磁场，形成不同能态的能级，然后在它们之间实现粒子数反转并产生受激辐射。

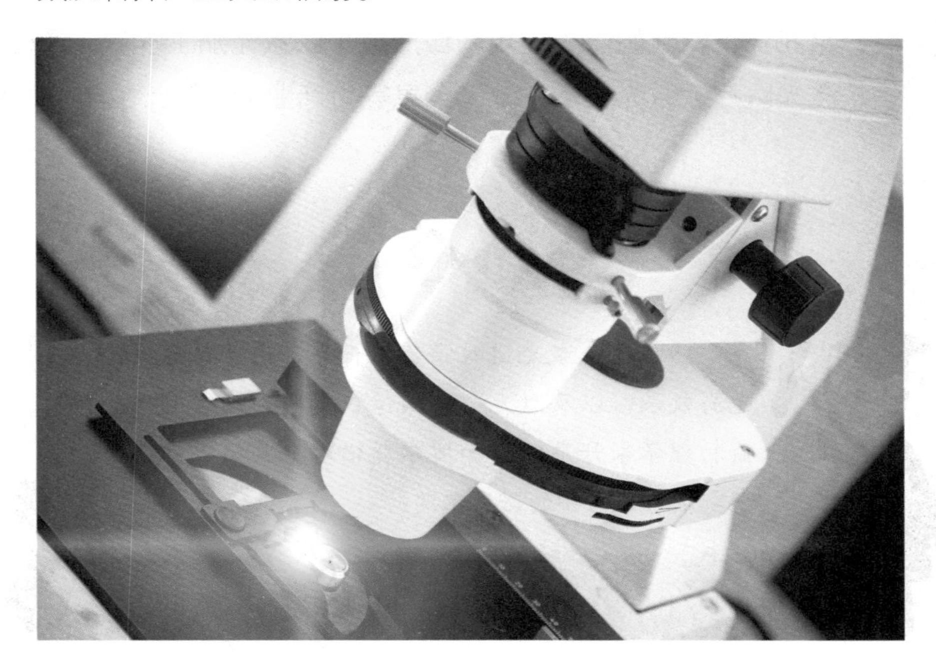

自由电子不受原子核的束缚，运动比较自由，它的能级结构与束缚电子的固定能级结构相比，自由而不受限制。因此，激光辐射波长或频率随电子能级的变化就可以调谐。

随着激光技术的进步，中国激光行业获得了快速发展，在很短的时间，我国激光市场在相关产业的带动下，以20%左右的速度发展，至2015年，我国激光应用领域形成了以激光加工、激光通信、激光医疗、激光显示、激光全息等为产业的激光产业群。

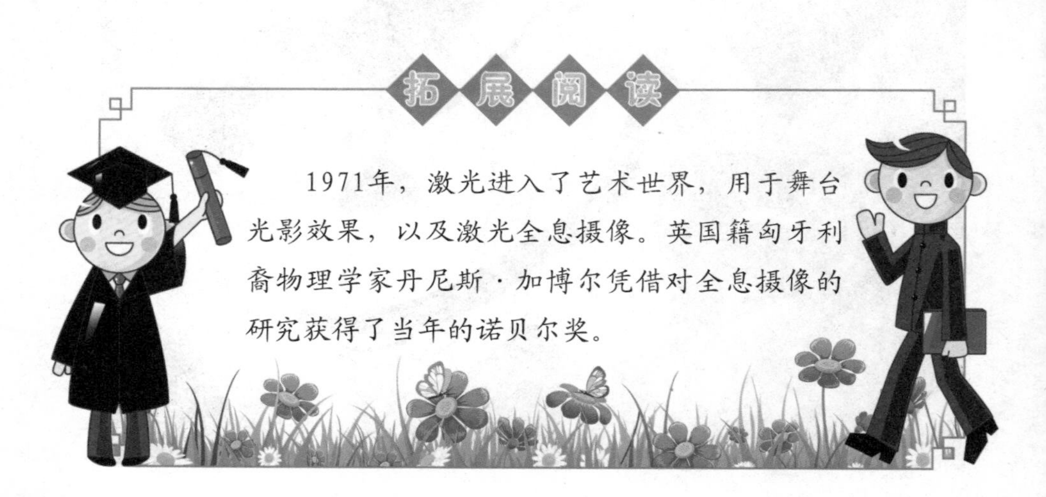

拓展阅读

1971年，激光进入了艺术世界，用于舞台光影效果，以及激光全息摄像。英国籍匈牙利裔物理学家丹尼斯·加博尔凭借对全息摄像的研究获得了当年的诺贝尔奖。

善解人意的智能材料

1992年9月22日，美国阿拉巴马州铁路桥突然崩塌；几年后，韩国汉城有一座大型公路桥也出现同样事故……由此使人们担心，世界上的其他桥梁是不是哪一天也会突然崩塌呢？

人们的这种担心并非多余，这是因为桥梁无论是由何种材料建成的，它都有一定的使用年限。但是，所有桥梁的使用年

限未必都相同。正如无法准确预料人的寿命一样，人们无法精确预测某一座桥的使用年限。

如果把还能使用的桥梁毁了去造新的桥，那样做固然保险，但却未免太可惜。假如确信还能使用，说不定某一天却突然损坏，这样就将造成无法挽救的惨祸。因此，无论如何得有一个好办法，以便来检查、确定某座桥是可以使用呢，还是不久就要损坏。

1985年8月，由日本羽田机场飞往大阪的一架大型客机在群马县某山麓坠毁。后经查明，事故原因系由于由飞机后部隔板上裂缝泄漏的空气造成的冲击波把尾翼刮跑所引起的。

那么，为什么事先没有发现这个裂缝呢？要是世界上的一些桥梁也存在着没有发现的裂缝而一旦发生崩塌呢？每念至此，人们不禁不寒而栗。科学技术发展到今天，连这等重要的事都不能应付，着实叫人担心。

如果桥梁或飞机也能发出“疲劳了，似乎马上就要损坏了”的某种信号，人们便可有针对性地进行修理或更换零部件。假如要到发生致命性破坏时才发出信号，那就太晚了。

20世纪90年代初，在美国弗吉尼亚理工学院和弗吉尼亚州立大学挂出了一个“智能材料研究中心”的牌子。

科学家们正在研究各种办法，试图使飞机上的关键结构具有自己的“神经系统”“肌肉”和“大脑”，使它们能感觉到即将出现的故障，并及时向飞行员发出警报。

他们设想的办法是，在高性能的复合材料中嵌入细小的光

纤，这种纵横交错布满在复合材料中的光纤就能像“神经”那样感受到机翼上受到的不同压力。

这是因为通过测量光纤传输光时的各种变化，就可测出飞机机翼承受的不同压力。在极端严重的情况下，光纤会断裂，光传输就会中断，于是就能发出即将出现事故的警告。

这家“智能材料研究中心”的科学家还研究一种能自动减弱某些振动的飞机座舱壁智能材料，以便使飞机能安全、平稳地飞行。他们采用的方法是，利用装在机舱壁内的压电材料，使舱壁振动的方向正好和原来的振动方向相反，这样就等于消除了座舱壁和窗框产生疲劳断裂的根源。

但是，科学家们当务之急是开发出能对桥梁、建筑物和飞机机体等人类生活中造价高昂的物体结构受到的破坏发出早期警报的智能系统。而这些智能系统需要使用不同功能的智能材料。这些智能材料有三种基本类型：

（1）由遇到电和磁场后能够扩大、缩小或弯曲的物质构成的，如陶瓷或薄膜等压电材料。它们受到挤压后会产生电压，或者反过来说，在施加电压时会发生弯曲。这种材料的灵敏度很高，甚至用压电聚合物或凝胶制成的人造肌肉和皮肤已能在试验中“读出”盲文。

（2）压电材料虽然能在千分之几秒内作出反应，但它们的大小、长短变化有限。因此，科学家将压电材料和叫做“形状记忆合金”的第二类智能材料搭配起来使用。这样，它们即使在变形程度达到15%的情况下，也能“记住”先前的外形，通过加热即可恢复。

（3）第三类智能材料包括电或磁的流变体。这种神奇的液体在遇到电流或磁场时会改变它的流动性能。当它处于常态下，可以毫不费力地用勺子搅动；但是当其中有电流穿过时，它会突然间变得像混凝土一样黏稠。利用这种液体的奇特性能，可以制造出新型的汽车悬架和传动装置，以及减振系统和可变阻力的健身器械。

当前，科学家们正在研制新的智能材料，并能使它们与有生命的物体一样敏感。他们希望给从墙壁到飞机机翼的所有物体装上用特殊材料制成的眼睛、大脑和肌肉。

智能材料的潜力很大，应用还在不断扩展。例如，可将智能材料用来建造工厂的烟囱，当烟囱排放的烟气超过污染规定时它就改变颜色，从而监视对大气的污染。又如，在修筑冬天

结冰的路面时加入智能材料，这种公路一旦结冰，路面就会变色，以提醒司机行车注意。

在未来的社会中，智能材料将会大放异彩，创造出人间的奇迹。

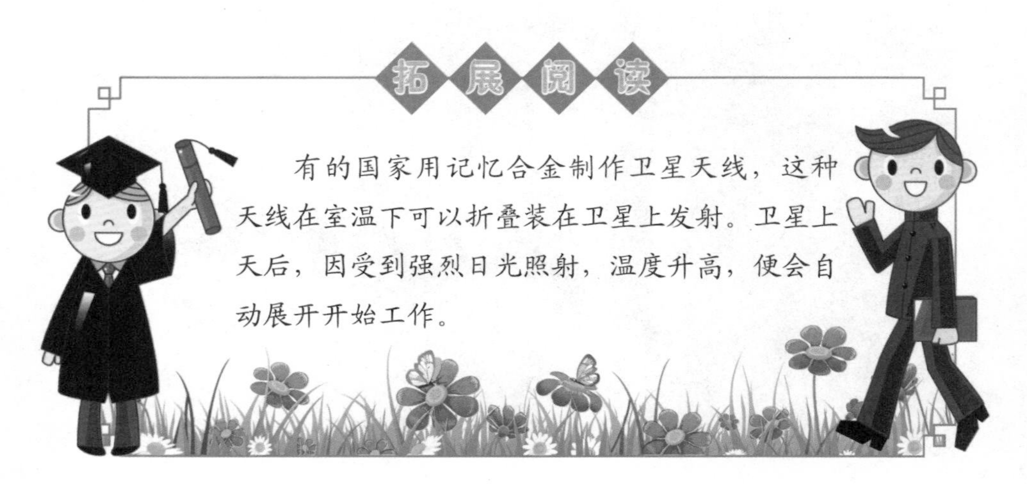

拓展阅读

有的国家用记忆合金制作卫星天线，这种天线在室温下可以折叠装在卫星上发射。卫星上天后，因受到强烈日光照射，温度升高，便会自动展开开始工作。

玻璃钢与合成橡胶材料

玻璃钢

材料科学家研制成功了一种特殊的材料，这种材料叫“玻璃钢”。所谓玻璃钢，是由玻璃与塑料复合在一起制成的。大家知道，水泥块耐压，钢材耐拉。用钢材作筋骨，水泥砂石作肌肉，让它们凝成一体互相取长补短就会变得坚强无比。这就是我们平时经常见到的钢筋混凝土。

根据这一原理，我们用玻璃纤维作筋骨，用合成树脂作肌肉，让它们凝成一体，这样制成的材料，它的抗拉强度可以与钢材相媲美。因此，人们称它为玻璃钢。

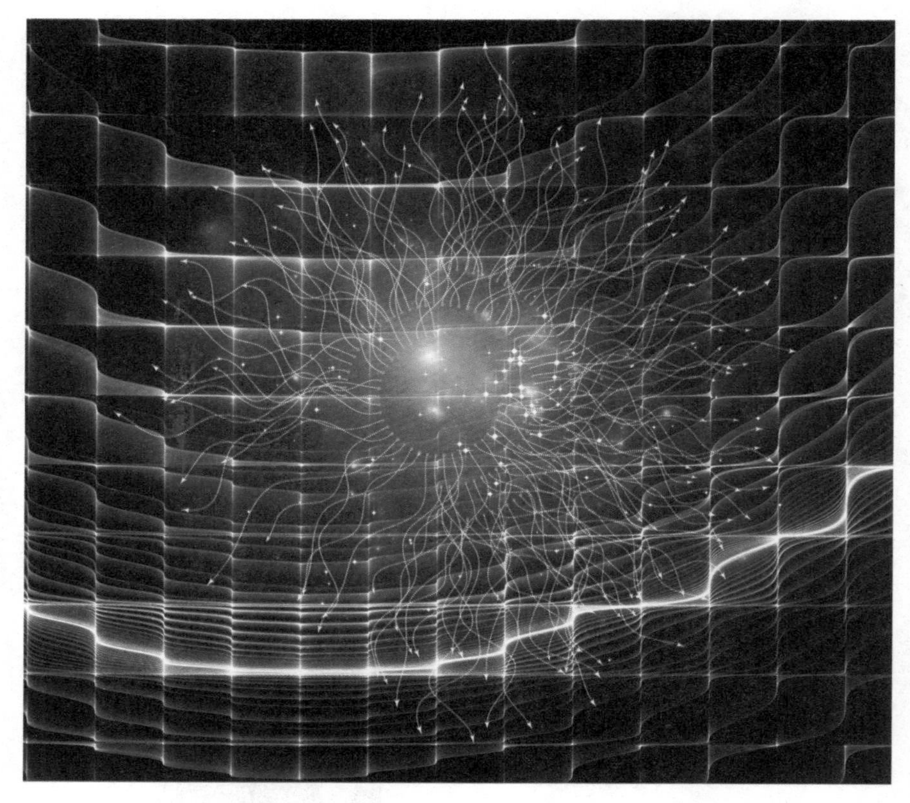

玻璃钢是多年来发展迅速的一种新颖材料。它既坚韧，但又比钢材要轻得多。一般，喷气式飞机上用玻璃钢来做油箱和管道，可以大大减轻飞机的重量。登上月球的宇航员，他们身上所背的微型氧气瓶，也是用玻璃钢制成的。

玻璃钢加工容易，不锈不烂，无须油漆。我国已经广泛采用玻璃钢来制造各种小型汽艇、救生艇及游艇，节约了不少钢材。化工厂也采用玻璃钢来代替不锈钢制作各种耐腐蚀设备，大大延长了设备的寿命。

进入21世纪，由于玻璃钢具有良好透波性，随着手机通讯

的广泛流行，玻璃钢广泛被应用于制造2G和3G天线外罩，玻璃钢以其良好的可成形性能，外观的可美化性，起到了很好的小区美化作用，这方面的产品有方柱线罩、仿真石，野外应用的美化树等玻璃钢还为提高体育运动的水平立下了汗马功劳。

与众不同的合成橡胶

从学生用的橡皮到人人需要的雨鞋球鞋，从地上跑的车辆

到天上飞的飞机，可以说，到处需要橡胶，离不了橡胶制品。人们最早使用的是天然橡胶，这是从橡胶树分泌的液汁经过加工制成的。天然橡胶的生产受气候和地理因素限制，满足不了各方面飞快增长的需要。

于是科学家们仔细研究了橡胶的分子结构，发现它是以异戊二烯为单体的聚合物，于是采用异戊二烯和1，3-丁二烯等有类似结构的化合物，让它们发生聚合反应，得到了与天然橡胶有相似性质的材料，这就是合成橡胶。

合成橡胶的性能在某些方面已经超过天然橡胶。比如氯丁橡胶耐火性能好，丁苯橡胶耐油、耐老化、耐腐蚀都超过了天然橡胶。还有具有特殊用途的硅橡胶、氟橡胶等。

合成橡胶的产量已经大大超过天然橡胶。合成橡胶工业是高分子工业的开路先锋，继合成橡胶之后，塑料工业和合成纤维工业也蓬勃发展起来了。

合成橡胶在20世纪初开始生产，从20世纪40年代起得到了迅速的发展。特种合成橡胶还具有不同的特定性能，这些性能常优于天然橡胶和其他品种合成橡胶。

大部分合成橡胶和天然橡胶一样，主要用于制造汽车轮胎、胶带、胶管、胶鞋、电缆、密封制品、医用橡胶制品、胶黏剂和胶乳制品等。

工业合成橡胶材料主要具有节约成本、便于提高产量的优越特性，由于一般天然的橡胶产品的价格比较昂贵，为了降低企业的成本就大量采用了成本低廉的合成橡胶材料。

随着科学技术的发展，合成橡胶产业的发展态势让人欣喜，生产规模在不断扩大，在我国产业经济中已经占据重要的地位。随着经济的发展，国内合成橡胶产业取得了长足的进步，无论是年产量和消费量，都已经挤入世界前列。

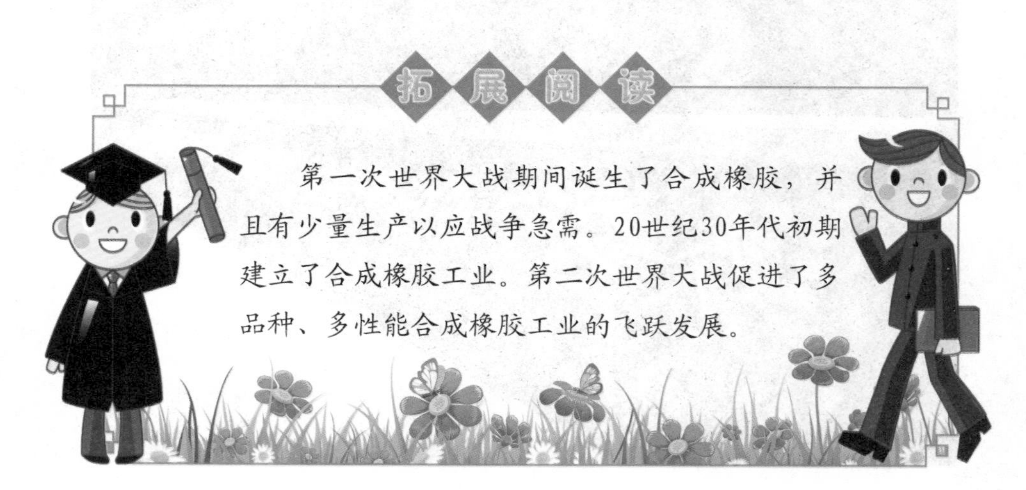

拓展阅读

第一次世界大战期间诞生了合成橡胶，并且有少量生产以应战争急需。20世纪30年代初期建立了合成橡胶工业。第二次世界大战促进了多品种、多性能合成橡胶工业的飞跃发展。

坚韧不屈的结构塑料

向钢铁挑战的工程塑料

美国杜邦公司在1960年提出了让塑料“向钢铁挑战”的口号。从此，出现了所谓“工程塑料”这一塑料新品种。工程塑料的特点是，它能充当受力的结构件，能长期保持尺寸稳

定，且性能不变。具有优良的综合机械性能，耐腐蚀，电绝缘性好。

有些工程塑料甚至能耐200℃以上的温度，用玻璃纤维加强后可以制作飞机外部零件和汽车的活塞、阀门等。尼龙和“凯芙拉”就属于工程塑料之列。

现代工程塑料的主要品种有聚酰胺、聚碳酸酯、聚甲醛、聚苯醚和聚酯，其次是聚苯硫醚、聚矾、聚芳醚酮、聚酰亚胺及其他聚芳杂环树脂。当它们和玻璃纤维、碳纤维、硼纤维和晶须等加强材料进行复合，组成非金属复合材料时，其性能大大增加，真是“如虎添翼”。

总之，工程塑料已经广泛用于汽车、航空航天、家用电器、机械建筑和化学工业中做各种结构部件、传动部件、绝缘零件、耐蚀零件和密封件等。在保证有足够强度和其他性能的条件下，产品重量大大减轻。

工业生产中提倡用塑料代替金属

用塑料来代替金属有哪些好处呢?举几个例子就明白了。

比如自来水管，过去都用金属管，其实是很大的浪费，由于水压不高，只利用了它强度的百分之几。如果用塑料管代替，既耐腐蚀，又轻巧，易施工。

比如用某种尼龙来制造齿轮，机器发出的噪音可大大降低。又比如在机床金属导轨表面喷一层塑料，就会使导轨的寿命延长，这也等于节约了金属。

如果用玻璃纤维增强塑料来制造氧气瓶，其耐压性能超过钢瓶，而且轻得多，便于运输和使用。这类例子不胜枚举，还有塑料零件和产品制作方便，可任意加工的优点。因而，塑料已经在许多生产和生活领域大量代替了金属。

光滑无比的聚四氟乙烯塑料

有一种新颖的塑料，那就是大名鼎鼎的聚四氟乙烯塑料，它已经被誉为“世界上最光滑的材料”。聚四氟乙烯塑料的化学稳定性超过玻璃、陶瓷、不锈钢以至黄金和铂。

聚四氟乙烯塑料在水中不会被浸湿，也不会膨胀，把它放入水中浸泡一年，重量也不会增加。只有熔融的碱金属、三氟

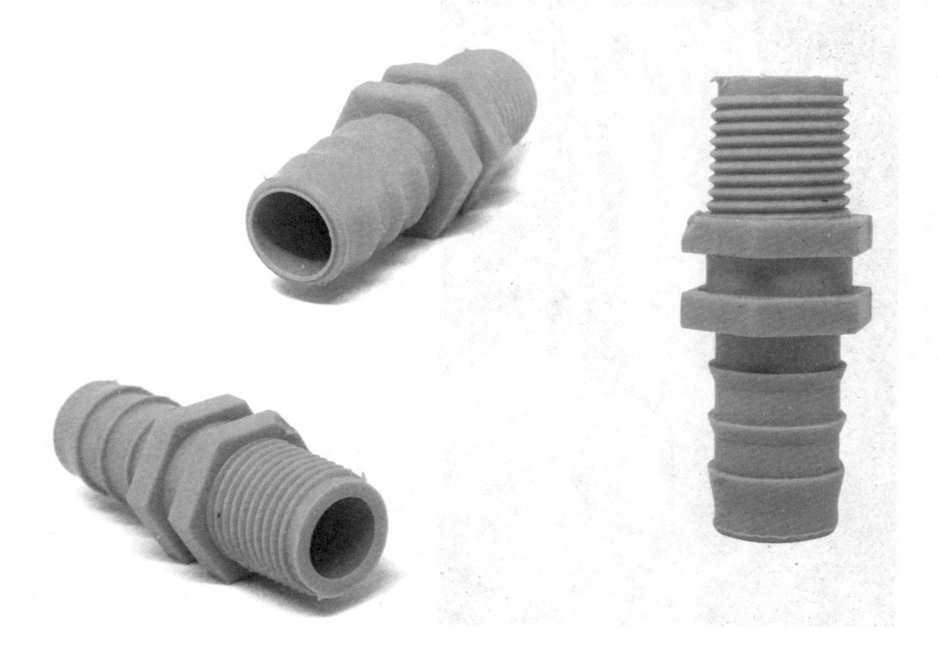

化氯与元素氟这三种具有强腐蚀性的化学物质，才能在高温下侵蚀聚四氟乙烯塑料。

这种异常光滑的塑料，有许多奇妙的用途。例如，它可以制成无须加润滑油的轴承。当面粉、化肥或砂糖等通过管道要装入袋中时，如果在管道的内壁贴上一层用聚四氟乙烯塑料制成的织物，那么，这些粉状或粒状的物质就会流动得更快。在滑雪板上贴上一层这种塑料，滑雪时就会感到非常轻松，速度也能够大大提高。

随着科技的发展，人们已经利用聚四氟乙烯塑料来制造低温设备，用来贮藏液态气体。在化工厂里，人们利用它来制造耐腐蚀的反应罐、蓄电池壳、管道以及过滤设备。在电器行业方面，在金属裸线上包上15微米厚的聚四氟乙烯塑料，就能较好地使电线彼此绝缘。

在医药工业上，人们利用聚四氟乙烯塑料制造人工骨骼、软骨以及外科器械。因为聚四氟乙烯塑料对人体无害，因此，可以用酒精、高压锅加热等方法对人工“零件”和外科器械进行消毒处理。

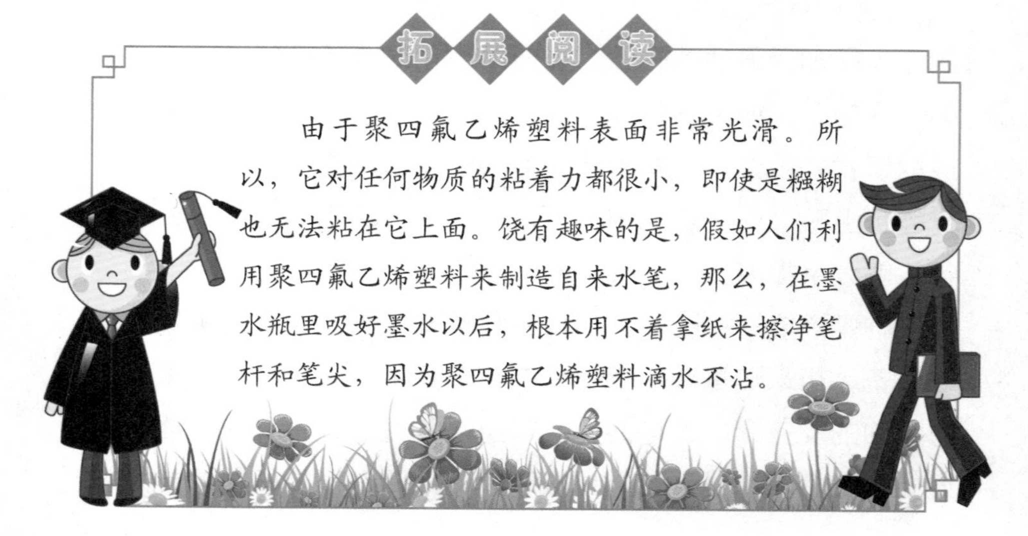

由于聚四氟乙烯塑料表面非常光滑。所以，它对任何物质的粘着力都很小，即使是糨糊也无法粘在它上面。饶有趣味的是，假如人们利用聚四氟乙烯塑料来制造自来水笔，那么，在墨水瓶里吸好墨水以后，根本用不着拿纸来擦净笔杆和笔尖，因为聚四氟乙烯塑料滴水不沾。

不可思异的复合陶瓷

韧性陶瓷

韧性陶瓷可以制作成陶瓷榔头、陶瓷菜刀、陶瓷剪刀等工业产品和生活用具。从外观上看，这些陶瓷制品与普通的钢铁制品并没有什么不同，只是毫无钢铁的成分。

韧性陶瓷除了不怕撞击不怕摔打的优点以外，还具有强度

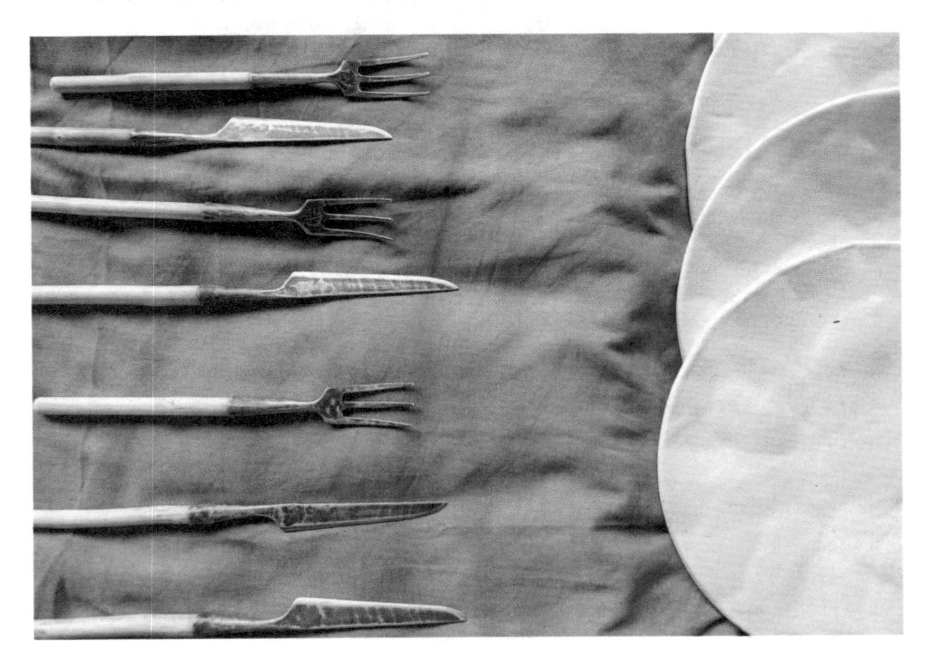

大、硬度高、不怕化学腐蚀等优点。它除了可以制作榔头和刀剪以外，还可以制造开瓶器、螺丝刀、斧头、锯子等器具。

人们用陶瓷菜刀切食物时，不会在食物上留下令人讨厌的铁腥味，它特别适合于切生吃的食物和熟食。陶瓷剪刀的锋利程度不亚于钢制剪刀，不仅可以用来裁剪纸张、绸布等，而且由于它不带磁性，还特别适宜于剪接录音磁带和录像磁带。

韧性陶瓷还可以用来制作手表壳，制造加工金属用的切削工具、防弹盔甲、人造骨骼和关节呢。不过，材料科学家对韧性陶瓷最感兴趣的是利用它代替金属材料制造发动机。

陶瓷轴承

20世纪90年代中期，陶瓷滚动轴承问世。试用表明，陶瓷滚动轴承具有四大优点：第一，陶瓷滚动轴承适宜于在布满腐蚀性介质的恶劣条件下作业；第二，陶瓷滚动轴转动时对外圈的离心作用可降低40%，进而使用寿命大大延长；第三，陶瓷受热胀冷缩的影响比钢铁小，在轴承的间隙一定时，能够在温差变化较为剧烈的环境中工作；第四，有利于提高工作速度，并达到较高的精度。

国外已经开发成功了在

高温条件下采用固体润滑剂的陶瓷滚动轴承，也有利用液体或油脂润滑的特种钢与陶瓷组合而成的滚动轴承或全陶瓷滚动轴承。

随着时代的进步，中国、美国和日本等国家已经将陶瓷发动机装到大客车上了，并且进行了长距离实车试验。由于新陶瓷具有耐高温性能，用它制造的发动机可以不要冷却供水系统，因而使发动机的体积大大缩小，重量大大减轻。

陶瓷发动机最突出的优点是，发动机的热效率可以达到50%左右，用同样多的燃料，可以使汽车多跑30%的路程。所以，陶瓷发动机被称为节能型发动机。

采用工程陶瓷的燃气轮机

特种陶瓷按用途分，利用它电气特性的称为电陶瓷，而利用机械特性的就称为工程陶瓷。燃气轮机为什么要采用工程陶瓷?现代工程陶瓷中崛起的两颗新星分别是氮化硅陶瓷和碳化硅陶瓷，它们具有惊人的耐高温性能。

氮化硅陶瓷在1400℃，碳化硅陶瓷在1700℃时，强度都高达70兆帕。用它们制作涡轮叶片，可以把燃气温度提高到1370℃以上，使燃气轮机的效率大幅度提高。因此，工程陶瓷成了制造燃气轮机的最佳选择。

永不褪色的陶瓷照片

那是1991年，日本富士胶卷公司与一家窑业公司合作，开发成功了世界上第一张陶瓷照片。这种陶瓷照片是使用硬度仅次于金刚石的陶瓷作为基色，用无机质的釉药在它表面形成照

片图像，然后在高温下上彩的。

由于陶瓷照片使用无机质的色素在高温下烧成，所以，无论在太阳光的曝晒下和烈焰的高热下，或者置于海水之中，都不会褪色，而且不易受损，就是在一些有机溶剂中也不会变化。

有关专家称，陶瓷照片的用途很广，纪念照片、纪念碑、道路标志等等方面它均可发挥独特的效用，还可以用于房屋尤其是易沾水房间墙壁装饰的特色陶瓷砖等方面。

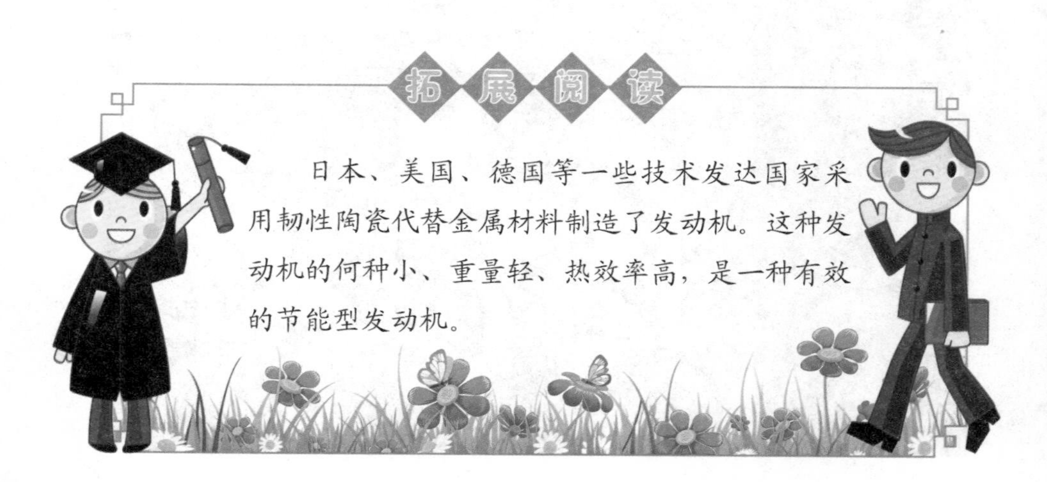

拓展阅读

日本、美国、德国等一些技术发达国家采用韧性陶瓷代替金属材料制造了发动机。这种发动机的何种小、重量轻、热效率高，是一种有效的节能型发动机。

各种各样的环保塑料

难以燃烧的塑料

燃烧过程是氧化反应。不同的塑料燃烧的难易程度不同。聚乙烯和聚丙烯中只包含碳和氢，所以它们很易燃烧，就像蜡烛燃烧一样，还会滴落下来使火蔓延开来。

聚苯乙烯也只含碳和氢，但它含碳的比例很高，所以燃烧

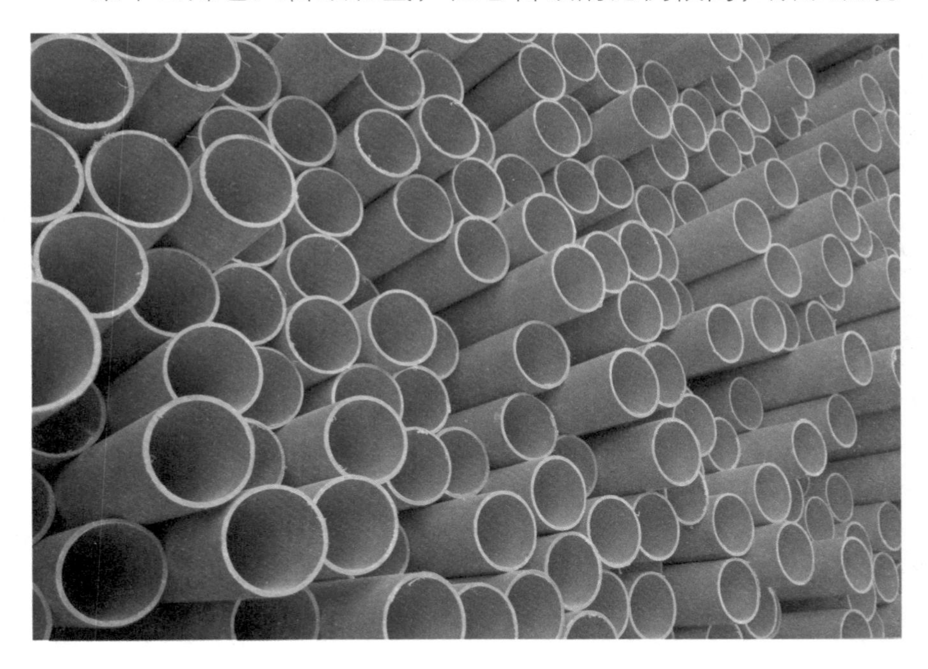

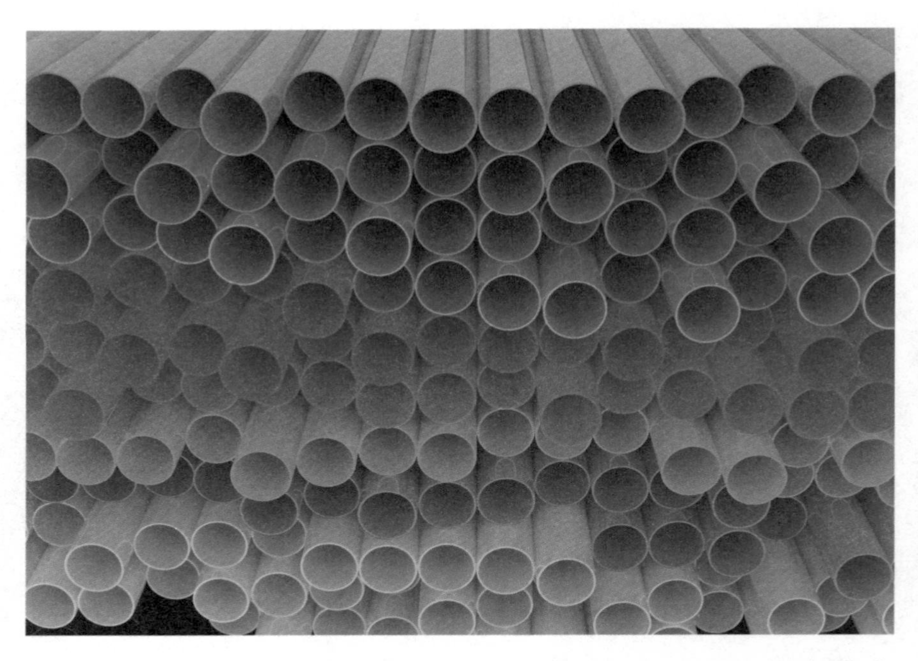

的时候来不及烧完，就会发出很浓很黑的烟。聚氯乙烯中除碳和氢外，还含有氯原子，因此聚氯乙烯不容易燃烧，点着后离开火源会自行熄灭。

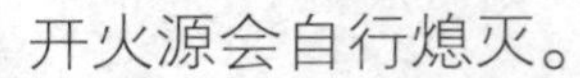

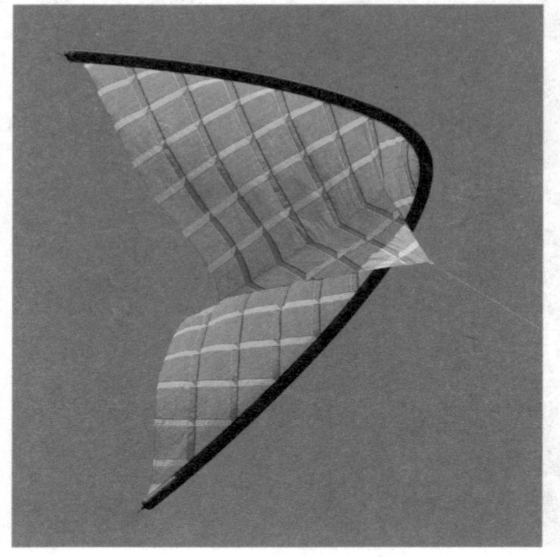

那么怎样可以使塑料难燃呢?通常可以在塑料中加入一种叫阻燃剂的物质，它们由难燃烧而且比较重的原子组成，有的阻燃剂在燃烧时会产生大量的水蒸气，不仅吸收热量，降低温度，而且稀释了空气中氧气的浓度，从

而起到阻止燃烧的作用。

由于阻燃剂的使用，使塑料的用途更广泛了。例如在建筑中使用的塑料，加入阻燃剂后其安全性就大大提高了；电视机外壳使用加阻燃剂的塑料来制造就更安全了。

飞上蓝天的塑料风筝

那是1994年10月，美国科罗拉多大学的科学家本·鲍尔斯科和约翰·伯克斯扎了一只硕大的风筝，面积有15平方米。这种风筝要求特别高，就是必须牢靠结实，本身的重量还不能太

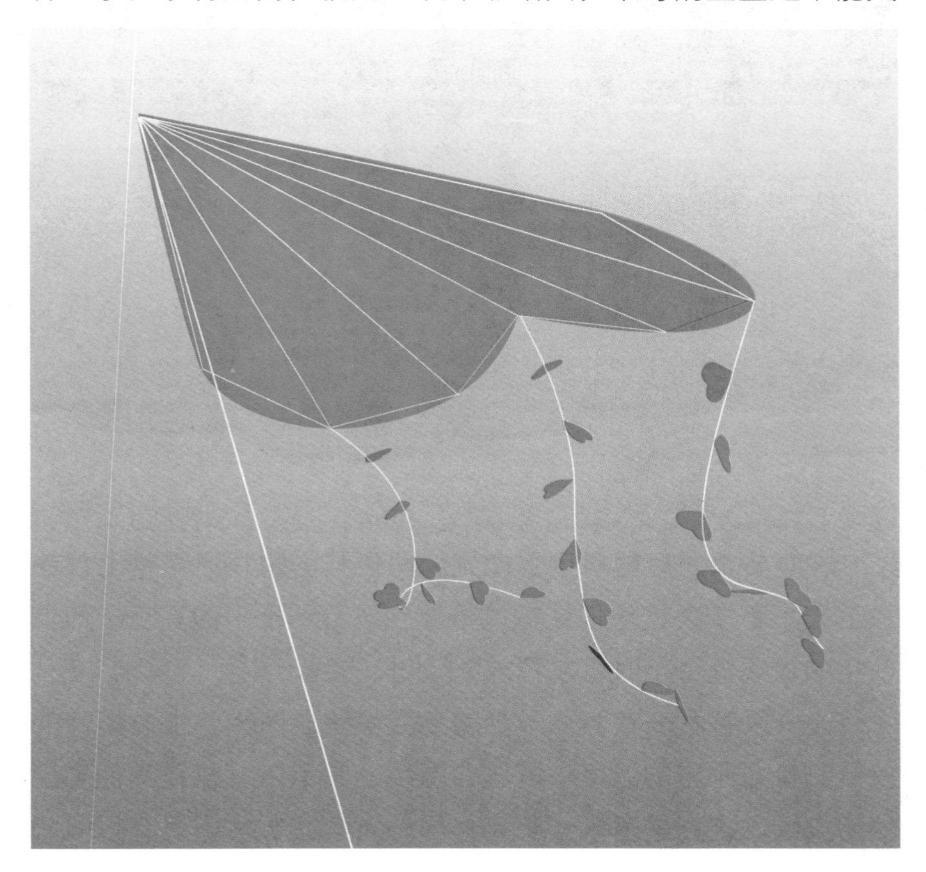

大。

这些要求只有塑料可以做到。两位科学家将风筝带上仪器放上天。不多久，他们就把风筝放到了3至5千米的高空。他们使用的放线盘每小时可以释放5千米长的线。

这只风筝后来在3至5千米的高空停留了两天，上面携带的仪器测量了那里的温度、气压、湿度、臭氧浓度以及其他高空的污染物。这真是塑料上蓝天，再为人类立新功。

新型环保塑料

英国有一家化学公司发明了一种新型的可分解塑料。这种新型塑料不仅具备以往塑料的一些优点，就是经久耐用，稳定防水等性质，而且像自然界中许多有机物一样，能够迅速有效地分解成为对人和环境无害的二氧化碳和水。

美国杜邦化学公司研制成功了一种可分解的塑料，它是由可再生的资源，比如干酪乳清和玉米制成的。在有水分、空气和菌类存在的情况下，干酪乳清和玉米经过半年左右就可分解为水和二氧化碳。这一类新型塑料制品用于快餐业和食品工业的餐具或包装材料，是十分理想的。

台湾研制出了一种塑料餐具，不过这种塑料不是用石油合

成的，而是用小麦为原料做成的，其中的主要成分是淀粉，这种塑料既能做餐具盛食物又能食用，也能当饲料喂猪。即使，扔在野外变成垃圾遇到雨水也会自行分解不会污染环境。

瑞士科学家也发明了一种盛食物的塑料盘，盘子可以吃，如果不想吃也可做肥料肥田。据说这种盘子很坚固，从五米高处摔到水泥地上都不会碎。可以预料用不了多久，可食用的塑料餐具会大面积推广。

体大量轻的泡沫塑料

我们如果往某些合成树脂中加入一种“发泡剂”，并加热塑制，发泡剂因受热分解就会放出许许多多小气泡，使塑料像面包一样充满小孔，这样，泡沫塑料就制造成功了。

泡沫塑料非常轻盈。1立方米的泡沫塑料只有10至50千克重。市场上出售的软泡沫塑料，1立方米的重量甚至还不到20千克呢！更有趣的是，只要利用不同的合成树脂作为原料，就可以随心所欲地改变泡沫塑料的软硬度。

因为，泡沫塑料具有隔热、隔音、电绝缘以及不透水等优良性能。所以，已经有相当一部分泡沫塑料作为隔热、隔音材料用于冷藏车、冷藏库、广播电台、电话局和影剧院了。而充满泡沫塑料的胶合板或金属薄板还是制造飞机、船舶用着既轻便又坚固的结构材料呢！

有一种泡沫塑料可以制成特殊的“橡皮”，实际上，那只是一块吸有特

殊溶剂的泡沫塑料。这种泡沫“橡皮”能使墨汁脱色，使擦过的图纸或练习本上的纸张光洁如新，没有任何毛糙的痕迹。

用硬泡沫塑料制造的家具，既轻巧又耐用。它还可以用来建造临时住房，全部用硬泡沫塑料装配而成的房屋，重量很轻，既便于拆卸，又便于搬迁。用泡沫塑料制造的住宅屋顶比瓦片经济得多，且隔音保暖，冬暖夏凉。

泡沫塑料强大的浮力和不透水性，使它成为了制造救生艇、救生圈的理想材料。在医疗方面，硬泡沫塑料还可以代替石膏绷带，因为它是用拉链将两片“绷带”合上的，所以非常方便。

拯救沙漠的塑料树

在非洲大陆广大地区，分布着绵延数百千米的沙丘形成一片浩瀚的沙海。它们不仅对陆地的交通构成巨大的阻碍，也对沙漠中的绿洲造成极大威胁。

那是1990年，一位西班牙巴塞罗那的电子学工程师来到了非洲利比亚，他发明了一种能够绿化利比亚沙

漠的人造塑料树。他计划在利比亚的一片沙漠中先种三万株到四万株，进行小规模试验。

工程师发明的人工树和天然树一样，有根、树干和树叶。在坚硬的塑料树干内布满了带纹沟的聚氨酯塑料，具有很强的吸水能力，树根是由三根空心塑料管组成的，空心管壁上有许多小孔，三根管子就像一个三脚架一样埋入沙漠下的土壤里。

然后，通过空心管用高压把聚氨酯压进土壤中，形成很长的聚氨酯塑料根，延伸到距树干底部几十米远的土壤内，牢牢地把人造塑料树固定在沙漠上，即使速度达每小时140千米的狂风也刮不倒它。

塑料树的树枝和树叶是用酚醛泡沫塑料制成的，全部制成

棕榈树形状的树冠，这种树冠能大量吸收夜间形成的露珠，而白天又能蒸发水分。

深入土壤的塑料树就像天然生长的树木一样，晚上从露水和雾气中吸收并保留潮气，天亮后又把吸收的水分慢慢蒸发，达到调节干燥的沙漠气候的目的。

由于，人造树是用防火的聚氨酯和酚醛泡沫塑料做成的，又模仿了天然树吸收水分和蒸发水分的各种作用。因此，既不需要浇水也不会干死，而且还能通过吸收夜间的水分和白天蒸发水分调节沙漠地区的气候，真正达到绿化的效果。

哪些塑料袋有毒

无毒的塑料袋一般是用聚乙烯做的，而有毒的塑料袋则是用聚氯乙烯做的。因为聚氯乙烯树脂中有未聚合的氯乙烯单体，这是对人体会产生毒害的化合物。

再说，聚氯乙烯树脂加工成塑料袋的过程中，还要加入一些增塑剂、稳定剂、颜料等辅助材料，有些辅助材料又是有毒的，这些有毒性的物质在使用中，又容易被食品中的油或水抽提出来，和食品一起吃下去对人体健康是有害的。

聚氯乙烯树脂本身是无毒的。如果在生产聚氯乙烯树脂的时候，把游离的氯乙烯单体减少到很少，在制成成品时再严格选用无毒的辅助材料，就可以制成无毒的聚氯乙烯塑料袋。

聚乙烯塑料袋和聚氯乙烯塑料袋，一般很难分清楚。用燃烧的办法，能简便地鉴别出来。聚乙烯能燃烧的火焰是蓝色的，上端是黄色，燃烧时散发出石蜡气味；聚氯乙烯极难燃烧，着火时显黄色外边绿色，并发出盐酸的刺激味。

塑料袋在使用中有没有毒害，这同使用方法也有关系。有些食品袋外面印着商标等字花，如果使用时把食品袋翻过来，让食品沾上这些颜料，是不安全的。

不宜用塑料瓶盛储食油

可乐瓶是用高纯度的聚乙烯塑料制成的，聚乙烯虽无毒，但在生产过程中，要添加一定量的辅助剂和引发剂使乙烯聚合。用这种瓶子盛放可乐型或汽水型水剂是安全的，因为凝结在可乐瓶表面的有机化学物质不会与水反应而溶于水中。

但若盛装食油、白酒等脂溶性有机物的情况就不一样了，凝结在瓶子表面的有机化学物质会被慢慢浸溶出来。同时，油、酒还会使聚乙烯塑料发生肉眼觉察不到的溶胀导致聚乙烯碳链断裂，而释放出低分子单体进入油、酒中。这些进入油、酒的化学物质虽然没有多大的毒性，但对人体不利，同时还会使油和酒氧化影响油和酒的味道。

用可乐瓶盛装酱油或醋也不好。因为酱油有氨基酸，醋的主要成分是醋酸，它们都是有机化合物。它们长时间和瓶子接触后也会使瓶子表面的化学物质溶出。另外，聚乙烯塑料有一

定的透气性，有机物质的蒸汽更容易透过。所以用可乐瓶盛放酱油、醋、油，也容易使它们特有的醇厚香气散失掉。当然，短时间用可乐盛装食油、白酒、酱油、醋等，问题也不大，但最好还是将它们换装到玻璃瓶中去！

能使人重见光明的塑料

许多盲人是由于角膜病变而失明的，全角膜白斑病就是其中之一。这种疾病用药物治疗不起作用，只有用人工角膜来代替它才能恢复视觉。

第二次世界大战中，一些眼科医生用有机玻璃制作的人工角膜植入病人眼睛里之后，病员都恢复了视觉，并且不再产生排斥反应。

有机玻璃是什么材料呢？它是一种热塑性塑料，它具有高度的透明度，照到它上面的光线能透过90%以上。它能用模具浇铸成型，并且能够按照需要，加工成具有复杂曲面的薄片。

它十分坚固，耐冲击，不易破碎，在气温变化之下，外形尺寸都极少变化。最重要的是，它不会引起人体组织的排斥反应。由于这种种优点，有机玻璃就成了使盲人重见光明的好材料了

给塑料“吃”维生素

随着科学技术的发展，塑料已经广泛应用于工农业生产和生活中的各个领域，并越来越显示出它所特有的优越性。但是，塑料与金属、木材一样，也存在着老化现象。

试验表明，塑料的老化规律与动物机体相类似。国外有些学者发现，给塑料“吃”维生素，不但能增强塑料制品的牢度，而且还可延长它的寿命。

学者们将刚制好的塑料制品浸泡在饱和的维生素溶液内。

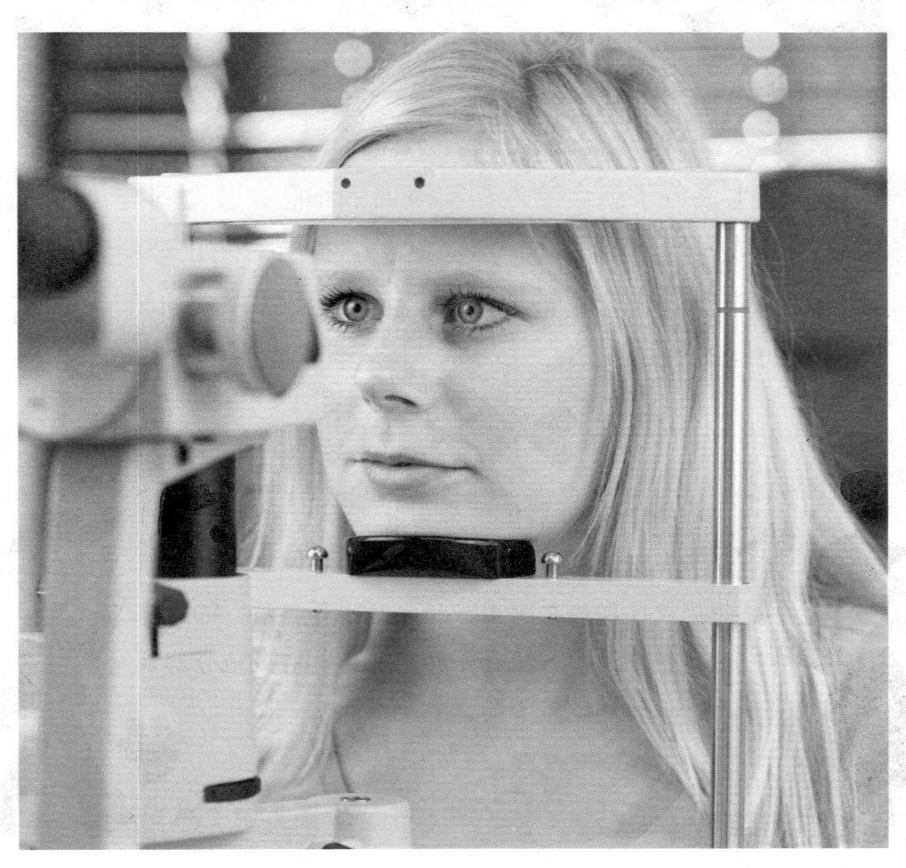

这样，维生素分子就会渗入塑料表面的细孔，使塑料与周围环境之间形成一层薄薄的防护层。这一防护层对防止塑料老化十分有效。对塑料齿轮、轴承进行防老化处理后，它们的寿命可比未经处理的长1至2倍。

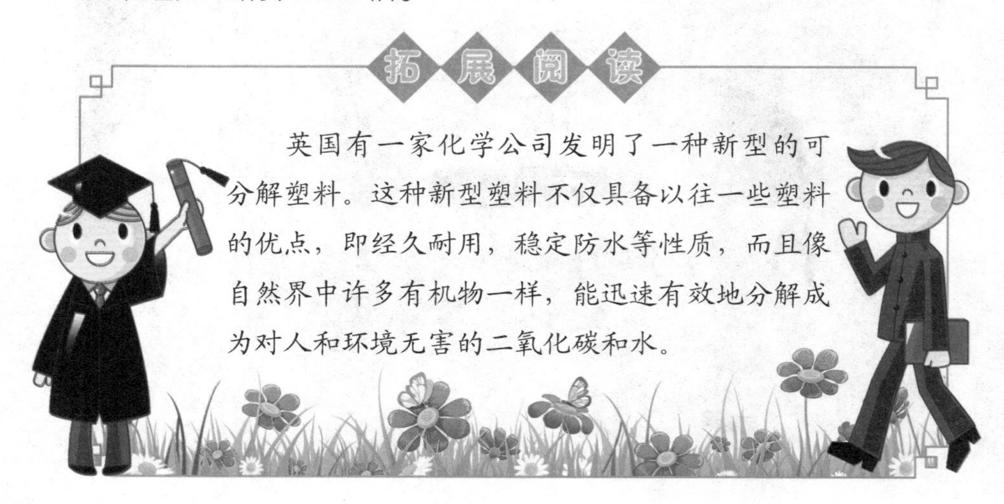

拓展阅读

英国有一家化学公司发明了一种新型的可分解塑料。这种新型塑料不仅具备以往一些塑料的优点，即经久耐用，稳定防水等性质，而且像自然界中许多有机物一样，能迅速有效地分解成为对人和环境无害的二氧化碳和水。

不同性能的材料

合金钢

发展现代化工业技术不仅离不开钢铁，而且还对钢铁材料提出了更苛刻的要求。例如，海洋工程用的钢材，需要很高的强度、韧性和耐海水腐蚀的能力。

大跨度桥梁需要采用强度和韧性都很好的钢铁材料建造，发展航空航天技术则要求材料重量轻、强度高。对于这些特殊要求，一般碳钢无能为力，只有合金钢才能担负起这方面的重任。

所谓合金钢就是在钢中另外加入铬、镍、钨、钛和钒等化学元素，它们可以使钢材增加某一特殊性能。常用的合金钢有合金结构钢、弹簧钢、高速工具钢、滚珠轴承钢、不锈钢等。例如，高压容器要用合金结构钢制造，不锈钢韧性好、耐腐蚀，主要用于化工设备。

随着科学技术的飞快发展，钢材在性能上也有了很大提高，除了钢材合金以外，通过精炼技术、控制结晶技术、控制轧制技术，表面处理技术和热处理技术的综合应用来提高了钢材性能，强度一般能够提高1至2倍。

各种复合钢材、预硬化钢材、异型断面钢材，彩色不锈钢被大量采用；成百上千种性能近似的钢材由几种甚至几千种钢号所代替；钢材品种更规范化、系列化，各国通用的钢材牌号也取得了一致。

有色金属后起之秀

钛的外观很像钢铁，也呈银灰色。和钢铁相比，两者的硬度差不多，而钛的重量却只有同体积钢铁的一半，熔点也比钢铁高，要到1668℃才熔化，比号称不怕火的黄金的熔点还要高

600℃。和铝比较，钛只比铝稍重一点，但比铝的硬度高2倍。

钛在常温下性质很稳定，就是在强酸、强碱的溶液里，也不会被腐蚀。钛合金不仅强度高，而且耐高温和低温的性能也很好。由于钛具有以上许多优异的性能，已经成为有色金属中备受青睐的“后起之秀”。

液体磁铁

呈固态的磁铁人们并不陌生，然而，现代科学技术却创造了一种全新的材料，那就是液体磁铁。液体磁铁中的“磁铁”，是一些尺寸为0.1至1.5微米的铁磁微粒。

科学家把它掺入液体中，并采取措施使这些微粒均匀地悬

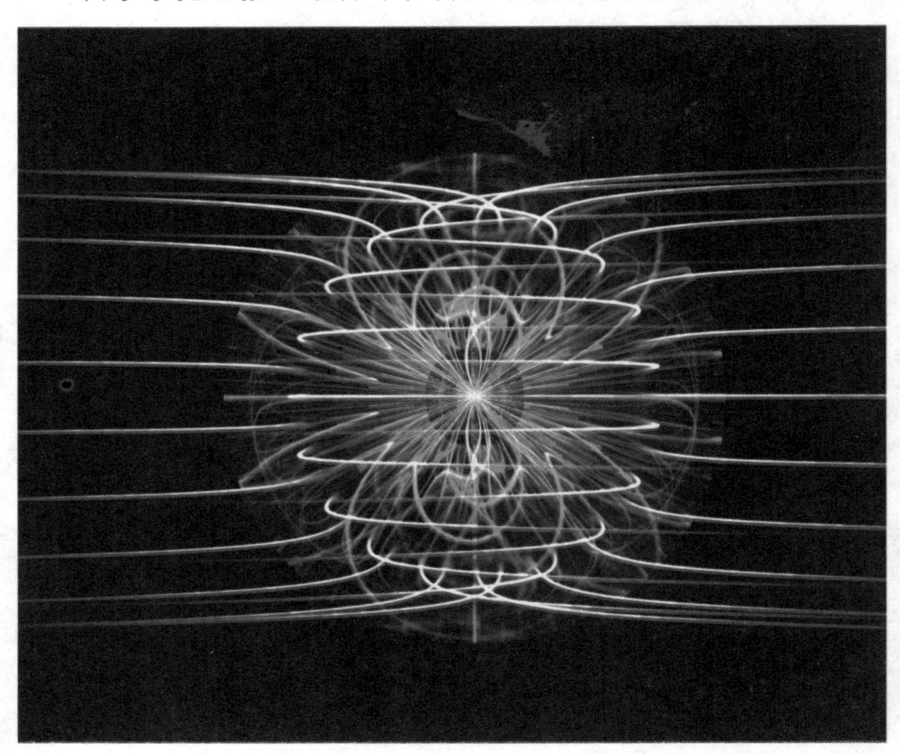

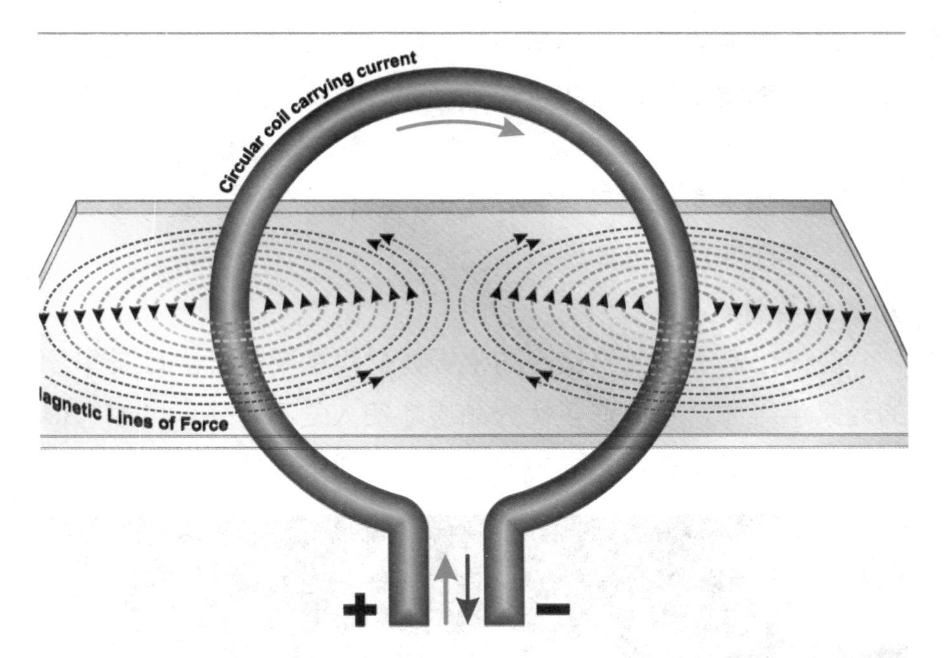

浮于液体之中，就形成了液体磁铁。液体磁铁的性能极其稳定，即使连续工作几千小时或在超重的情况下，它也不会分崩离析。

大家知道，凡是机械装置都要使用润滑剂来减少摩擦。但是，如果采用液体磁铁润滑油，便可以避免通常轴承在油中“游泳”的情况。

这样既可减少摩擦，又可以提高轴承的使用寿命，而且机械部件还不会产生噪音。

此外，液体磁铁还具有更为广阔的应用前景，利用液体磁铁的密度会随着磁化而改变的特性，可以制成理想的选矿机。这种选矿机不但可以从贫矿石中取出绝大部分有价值的物质，甚至还能够分出同一金属矿石的不同等级呢。

最为有趣的是，如果用液体磁铁来紧固机床加工的复杂零部件，只要将零部件置于铁磁液体中，接通电磁场，铁磁液体将瞬时变浓，直至凝固成像石头一样硬，牢牢地紧固住零部件。等到加工完毕，只需断开电流，铁磁液体又会恢复常态，这时，零部件便可自如地取出。

元素半导体硅

现代化电子工业中使用的半导体材料主要是硅。硅是单一的元素半导体，它有许多优秀品质才使人爱不释手，比如它很硬，结晶性好，在自然界中储量极多，成本很低，并且可以拉

制出大尺寸的完整单晶。硅是大规模集成电路的基石，离开了硅，无法想象电子工业还怎么活。

拆开一台电子计算机，你对此自然会有颇多感触。在计算机的中央处理装置中，双极型晶体管是最基本的结构单元。打开计算机的存储器，场效应晶体管主宰那里的一切。而这两种晶体管工作能力的高低，完全取决于原始硅晶体质量的好坏。

超晶格是用高真空技术沉积生长的超薄层材料，通常是在晶体衬底上一层叠一层地生长出来，这种生长出来的材料叫超晶格材料。所谓超晶格，就是指由两种不同的半导体薄层交替排列所组成的周期列阵。

比如镓铝砷、镓砷、锗硅等超晶格材料，是制备半导体光电子学、光子学材料和器件的关键技术，研究的人员很多，各国投入的财力也很大。

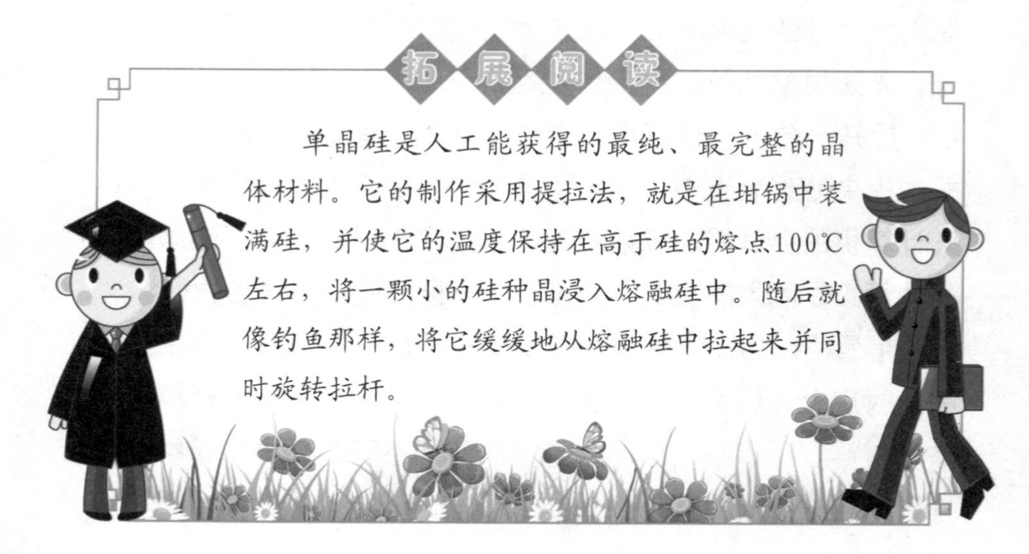

拓展阅读

单晶硅是人工能获得的最纯、最完整的晶体材料。它的制作采用提拉法，就是在坩锅中装满硅，并使它的温度保持在高于硅的熔点100℃左右，将一颗小的硅种晶浸入熔融硅中。随后就像钓鱼那样，将它缓缓地从熔融硅中拉起来并同时旋转拉杆。

用做结构材料的纤维

力大无比的凯芙拉纤维

是什么东西作的绳子力大无比呢？原来它是一种叫芳香族聚酰胺纤维制成的，国外把这种纤维叫“凯芙拉”。大家知道，钢丝绳的强度也不低，但要和这种“凯芙拉”比起来，可

以说是“小巫见大巫”，差多了！

据检测，“凯芙拉”的强度是钢丝绳的六倍，而它的密度或者说重量却只有钢丝的五分之一。因此，若用“凯芙拉”和钢丝比赛，用1毫米粗的绳子吊起的重量谁的大，那“凯芙拉”肯定是“绝对冠军”。

1968年，杜邦公司发现聚对苯二甲酰对苯二胺一类的芳香族聚酰胺纤维具有极高的强度，且在零下45℃直到200℃的温度范围都能保持不变，有极好的强韧性和尺寸稳定性。

比如，用做结构材料的“凯芙拉”49的强度高达280至370公斤每平方毫米，比铝或钛等金属的强度高得多。其收缩率和抗蠕变性也相当好，可以说是理想的航空材料“坯子”。

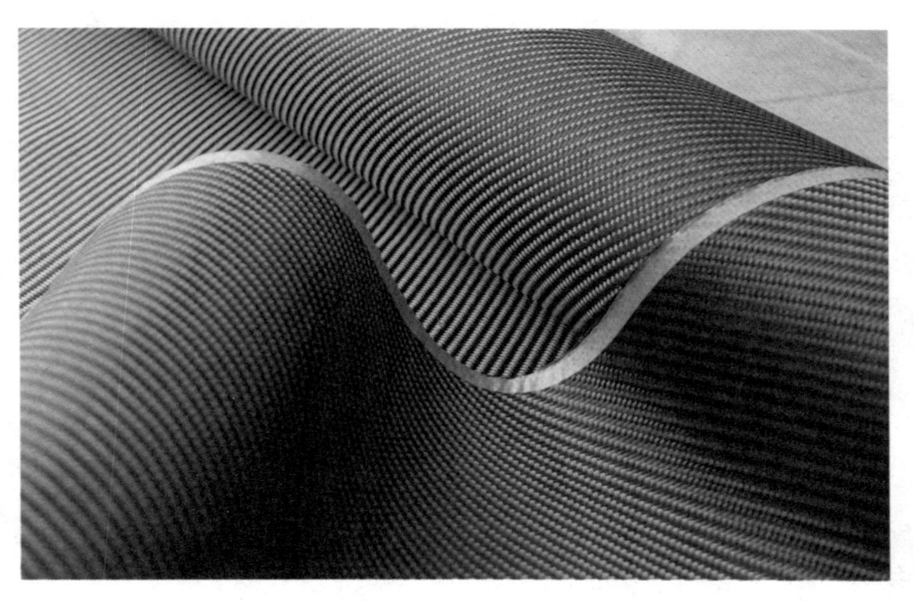

在1972年，杜邦公司开始成批生产“凯芙拉”，到20世纪80年代中，“凯芙拉”就生产了21000吨，首先用于军用飞机，使这些飞机重量减少，速度特快。

凯芙拉还扩大到了民用飞机，例如，美国波音飞机公司的767型机使用“凯芙拉”和碳纤维制成的复合材料机身，使整个机身的重量减轻了一吨，仅此一项就使燃料消耗比波音727型机节省了30%，成为非常叫好的轻质高强度航空材料。

由于“凯芙拉”惊人的高强度，英国国防部一个研究机构从1984年开始用“凯芙拉”研制出防弹衣。结果非常令人鼓舞，穿这种防弹衣后，可使重伤者减少30%，死亡者减少40%。穿防弹衣的士兵仍可能因炮弹、地雷，或手榴弹弹片受伤，但是不会被弹片穿透身体也不会受致命伤，只是像挨了重锤砸伤那样。

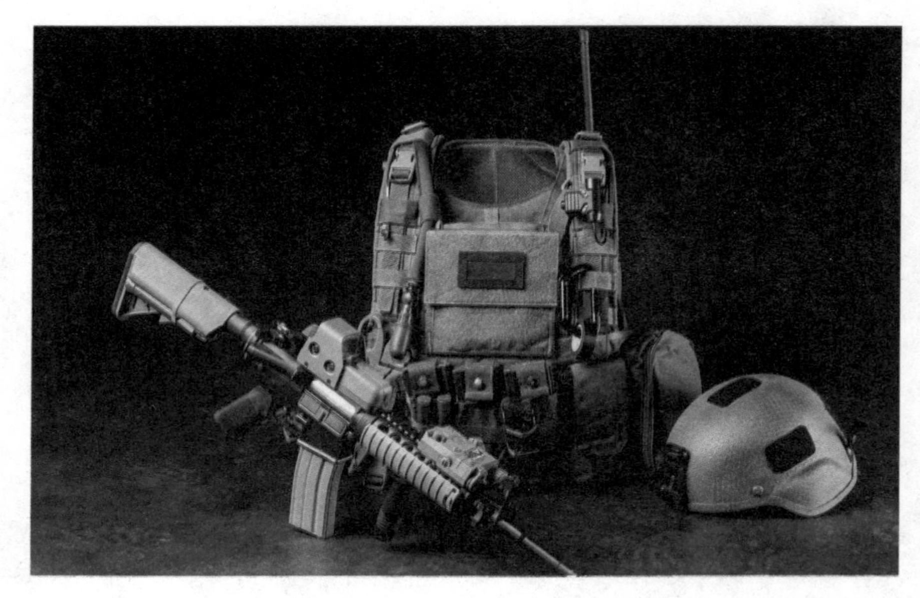

在1987年，英国军队有上千名士兵首次试穿大批生产的这种防弹衣，都认为这种防弹衣可以保住性命，而且在受伤三天后就能够基本恢复健康，对医务人员的压力也大大减轻。

随着“凯芙拉”的产量增加，成本逐渐降低。它的用途也日益扩大。有许多汽车的轮胎帘子线也采用“凯芙拉”，因为它强度高，可以减少帘布的层数，从而减少了轮胎的重量，节省了车辆的燃料用量。

现在“凯芙拉”已经广泛用于缆绳、高压软管、运输带、空气支撑的顶篷材料、高压容器、火箭发动机外壳、雷达天线罩，还在高层建筑物中代替钢筋等，不胜枚举。

碳纤维和防燃纤维

在纤维家族中，有一位成员不怕高温，而另一位成员不怕火烤，所以，人们称它们为“烈火金刚”。它们就是碳纤维和防燃纤维。

一位成员叫碳纤维。可别小看碳纤维，它是国防和航天工业的重要原料呢！那是20世纪60年代，日本科学家首先用聚丙烯纤维做原料制得了碳纤维。随着时代的变化，碳纤维通常采用腈纶或粘胶原丝，经加热、高温化学处理后制得。

碳纤维的最大特点是强度高。在隔绝氧气的情况下，它的使用温度可高达1500℃至2000℃，温度越升高，它就越显“英雄本色”坚强不屈，故有“烈火金刚”之美称。让我们介绍得具体一些吧！

温度在540℃时，碳纤维的抗拉强度为每平方毫米110至320千克；在1650℃时，它的抗拉强度反而达到180至600千

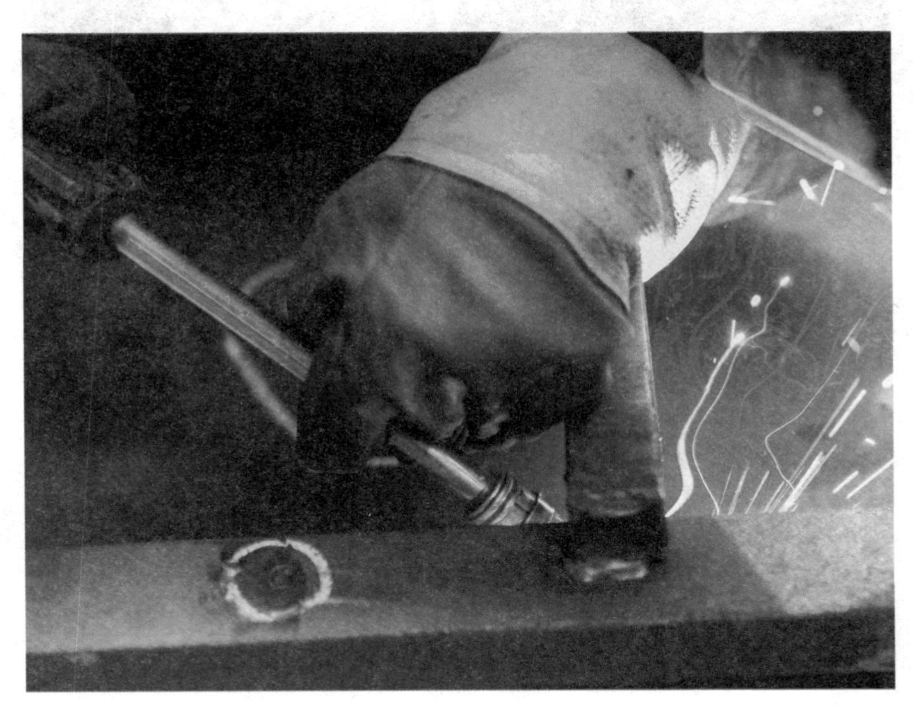

克；不但不减少，反而增加了。即使在3000℃的高温中，碳纤维仍然能保持原来的状态。

它的另一个特点是，密度远比各种金属轻。因而，碳纤维和金属、陶瓷熔合而成的复合材料是制造宇宙飞船、火箭、导弹和高速飞机不可缺少的材料。

在美国著名的“哥伦比亚”号航天飞机上，三个火箭推进器的关键部件喷嘴，以及最先进的MX导弹的发射管，就是用碳纤维复合材料制成的。

另一位“烈火金刚”叫防燃纤维。大家知道，棉、毛、麻、丝，都经不起火烤。化学纤维熔点不高，也难以防燃。石棉纤维虽能防燃，但质地坚硬，穿着不舒服。

碳纤维虽能防火，可成本高。一般的防燃服装，多数用防火的粘合剂、特种树脂等，喷涂在织物表面制成。虽然，防燃效果不错，但是，衣服重量增加了好几倍，穿在身上简直是活受罪。

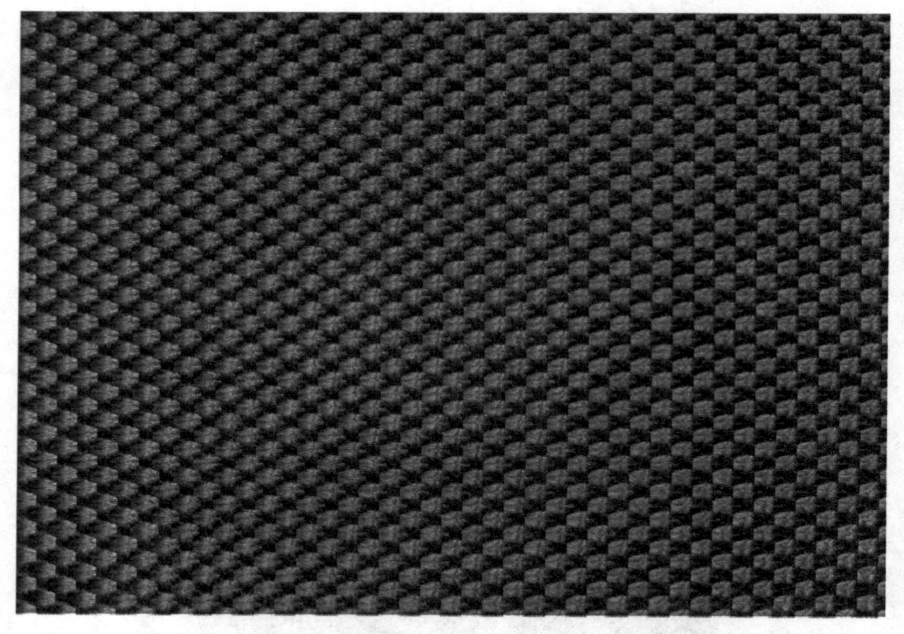

为了使衣服不怕火，可以用防燃纤维来制作。所谓防燃纤维，就是在化纤内部加入阻燃剂而制得的。例如，在普通涤纶中，可以添加金属离子阻燃剂。

用防燃化学纤维制成的服装，不仅像普通衣服一样轻盈柔软，就是碰上烈火也不会烧起来，这下可为具有特种需要的人们解除了后顾之忧。这种新颖防燃服装特别适宜于消防人员穿着。

不怕火烧和强度高的合成纤维

要制造不怕火烧的合成纤维，首先要从它的原料着手。一是采用难燃的材料，比如腈氯纶、维氯纶等。它们虽然会燃烧，但是离开火便会立刻熄灭。有的合成纤维中加入了阻燃剂，也能使它不易燃烧。

二是采用新的合成方法，使原来易燃的合成纤维碳化，从而具有耐燃的特性。比如，耐燃腈纶就是其中之一，它的纤维中含碳量达到60%左右。它遇火不但不燃烧，而且形状不变。

不会燃烧的合成纤维用途极广，能用来做工作服、防火服、防火帘，以及建筑物中的种种织物。有些不燃纤维不但耐热性好，强度高，还有良好的绝缘性能，它们可以用于一些尖端技术中。比如，制造火箭外壳和导弹的圆锥形喷嘴等等。

一根由锦纶丝编织成的手指那样粗的绳子，足以吊起一辆满载4吨货物的解放牌汽车，而由芳纶编织成的同样粗细的绳子则可以吊起一倍重量的货物。它的强度比钢丝还大5至6倍。

合成纤维是一种合成高分子化合物。在分子之间有着一种结合力。这种结合力就好像一只只手，相互紧紧地拉着。如果某种高分子化合物的分子排列整齐，那么它们的拉力也就方向

越一致，形成巨大的结合力，它的强度也就越高。

反之如果内部分子排列不整齐，拉力方向不一致，它的强度也就越低。因此，用高分子化合物、芳纶编织成的绳子能吊起重物而不断裂。

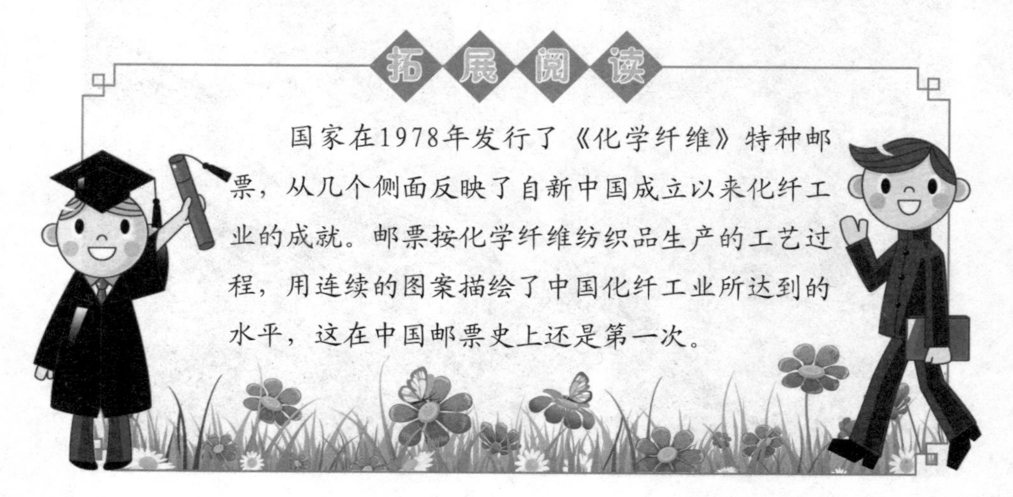

拓展阅读

国家在1978年发行了《化学纤维》特种邮票，从几个侧面反映了自新中国成立以来化纤工业的成就。邮票按化学纤维纺织品生产的工艺过程，用连续的图案描绘了中国化纤工业所达到的水平，这在中国邮票史上还是第一次。